Rimeh ISMAIL

Catalisadores à base de prata para a oxidação do tolueno

Rimeh ISMAIL

Catalisadores à base de prata para a oxidação do tolueno

Síntese e caraterização de catalisadores à base de prata para a oxidação do tolueno

ScienciaScripts

Imprint
Any brand names and product names mentioned in this book are subject to trademark, brand or patent protection and are trademarks or registered trademarks of their respective holders. The use of brand names, product names, common names, trade names, product descriptions etc. even without a particular marking in this work is in no way to be construed to mean that such names may be regarded as unrestricted in respect of trademark and brand protection legislation and could thus be used by anyone.

Cover image: www.ingimage.com

This book is a translation from the original published under ISBN 978-620-6-71554-2.

Publisher:
Sciencia Scripts
is a trademark of
Dodo Books Indian Ocean Ltd. and OmniScriptum S.R.L publishing group

120 High Road, East Finchley, London, N2 9ED, United Kingdom
Str. Armeneasca 28/1, office 1, Chisinau MD-2012, Republic of Moldova, Europe
Managing Directors: Ieva Konstantinova, Victoria Ursu
info@omniscriptum.com

Printed at: see last page
ISBN: 978-620-8-56375-2

Conteúdo

Sessões de assinatura

AOS MEUS QUERIDOS PAIS

Nenhuma dedicatória pode exprimir o meu respeito, o meu amor eterno e a minha consideração
consideração pelos sacrifícios que fizeste pela minha educação
a minha educação e o meu bem-estar.
Obrigado por todo o apoio e amor que me deram desde criança.
E espero que a vossa bênção esteja sempre comigo.
Que esta modesta obra seja a realização dos vossos desejos, o fruto dos vossos
dos vossos inúmeros sacrifícios, mesmo que eu nunca vos pague por ela suficiente.
Que Deus, o Poderoso, vos conceda saúde, felicidade e longa vida e nunca vos .

Aos meus queridos e adoráveis irmãos e irmãs

Que sempre me apoiaram e encorajaram ao longo dos anos de estudo.
Desejo-vos uma vida cheia de felicidade e sucesso, e que Deus Todo-Poderoso vos proteja e guarde.
vos proteja e vos guarde.

Para o meu querido tio Tarek

O meu conselheiro e amigo leal, que me ajudou nos momentos difíceis.
Nunca poderei agradecer-vos o suficiente pela vossa bondade, pela vossa generosidade e pela vossa inestimável ajuda.
ajuda.

Aos meus queridos primos " Adel, Monia , Samira , hanen , noura e mouna "

Que me ajudaram nos momentos difíceis e me levaram gentilmente pela mão
para atravessar juntos os momentos difíceis....
Não tenho palavras para lhes agradecer a ajuda e o encorajamento sem fim.
e encorajamento. Muito obrigada.

AOS MEUS QUERIDOS SOBRINHOS E SOBRINHA

"Yaakoub, Abd Rahmen e khadija

Nenhuma dedicatória pode exprimir todo o amor que tenho por ti.
a tua alegria e a tua alegria enchem-me de felicidade.
Que Deus olhe por ti, ilumine o teu caminho e te ajude a realizar os teus mais
os teus sonhos mais queridos.

Aos meus queridos cunhados Yessin e Nassim

Que sempre me apoiaram em todos os momentos.
Não tenho palavras para lhes agradecer o apoio, os bons conselhos e a ajuda preciosa que me deram.
e a sua inestimável ajuda, muito obrigado.

Aos meus amigos

A todos os meus entes queridos

Encontram nesta obra a expressão do meu mais profundo respeito e do meu mais sincero afeto.

RimehISMAIL

Agradecimentos

Antes de mais, gostaria de agradecer a ***Deus*** *por me ter dado saúde, força, vontade e paciência para poder continuar os meus estudos e concluir este trabalho.*

Este trabalho foi realizado no Departamento de Química da Faculdade de Ciências de Tunes, no Laboratório de Química dos Materiais e Catálise dirigido pelo Sr. ***Zouhaier KSIBI****, Professor da Faculdade de Ciências de Tunes. Gostaria de lhe exprimir os meus sinceros agradecimentos e a minha gratidão por me ter acolhido na sua equipa e por ter orientado esta tese.*

Gostaria de expressar a minha profunda gratidão à Sra. ***Jihène ARFAOUI****, Professora Assistente na Faculdade de Ciências de Tunes, por me ter supervisionado durante esta tese e por ter acompanhado de perto todo o meu trabalho. Gostaria também de expressar o meu mais profundo respeito pela sua paciência, amabilidade, disponibilidade, pelas suas observações e conselhos pertinentes, pelas suas reuniões muito instrutivas e pela sua ajuda inestimável.*

Gostaria de expressar os meus mais calorosos agradecimentos e sincera gratidão ao Sr. ***Abdelhamid GHORBEL****, Diretor Honorário do Laboratório de Química dos Materiais e Catálise e Professor da Faculdade de Ciências de Tunes, pelas suas qualidades humanas, a sua ajuda infinita, o seu encorajamento e os seus conselhos inestimáveis. Gostaria de lhe manifestar o meu mais profundo respeito.*

Os meus mais sinceros agradecimentos ao Sr. ***Gérard DELAHAY****, Diretor de Investigação do CNRS na Ecole Nationale Supérieure de Chimie de Montpellier (ENSCM), pelo seu acolhimento caloroso, a sua amabilidade, a sua disponibilidade e a sua ajuda, nomeadamente na montagem catalítica durante os meus estágios no Laboratoire de Matériaux Catalytiques et Catalyse en Chimie Organique em Montpellier.*

Os meus mais sinceros agradecimentos vão também para o Sr. ***Noureddine AMDOUNI****, Diretor e Professor da Faculdade de Ciências de Tunes, pela honra que me deu ao aceitar presidir ao júri desta tese.*

Gostaria de agradecer calorosamente a ***Nizar BELAKHAL****, professor no Instituto Nacional das Ciências Aplicadas e da Tecnologia (INSAT), e a* ***Noura FAKHAR BOURGUIBA****, professora na Faculdade de Ciências de Tunes, por terem aceite examinar e julgar este trabalho, na qualidade de relatores.*

Agradeço igualmente ao ***Sr. Mohamed Faouzi ZID****, professor da Faculdade de Ciências de Tunes, por ter aceite participar no júri desta tese na qualidade de examinador.*

Sem esquecer de agradecer a todos os "antigos" e "novos" membros do Laboratório de Química dos Materiais e Catálise da Faculdade de Ciências de Tunes.

Obrigado a todos pela vossa ajuda e apoio ao longo dos anos....

Introdução geral

A libertação de poluentes atmosféricos, incluindo os compostos orgânicos voláteis (COV), como os aromáticos (tolueno, xileno, etc.), as cetonas (acetona, metiletilcetona, etc.), os álcoois (metanol, etanol, propanol, etc.), os acetatos (acetato de etilo, etc.) e os derivados do cloro (cloreto de metileno, percloroetileno, etc.), é uma preocupação crescente e regulamentada. As propriedades tóxicas dos COV e os seus efeitos nocivos nos ecossistemas e nos seres humanos [1] levaram à introdução de regulamentação cada vez mais rigorosa para controlar e reduzir as concentrações destes poluentes nas emissões gasosas.

As principais formas de tratamento dos poluentes atmosféricos baseiam-se em físicos de transferência de matéria, como a absorção, a adsorção e a condensação [2]. A adsorção de COV, por exemplo, permite transferir estes poluentes do ar para um meio sólido poroso, como o carvão ativado, sem os destruir, o que gera resíduos sólidos tóxicos (quando os COV capturados não podem ser reciclados) [3,4] e, por conseguinte, corresponde apenas à transferência de poluentes de uma fase para outra). Para resolver este problema, são utilizadas técnicas ditas "destrutivas". Entre estas, a combustão térmica (ou incineração) é a mais utilizada, mas o seu custo energético é elevado porque só funciona a altas temperaturas (> 1000°C) e conduz à formação de NOx e de subprodutos mais tóxicos que os compostos originais (dioxinas, furanos, etc.) [3].

A oxidação catalítica dos COV é uma técnica mais atractiva do que a incineração porque, na presença de um catalisador, permite a eliminação total destes compostos a baixas temperaturas (< 500°C), evitando a formação de NOx e de subprodutos tóxicos [5]. A literatura tem demonstrado que os metais nobres, como o paládio e a platina, são muito activos na oxidação catalítica dos COV. No entanto, como estes metais são caros, estão a ser cada vez mais substituídos por metais de transição, que também são muito activos na oxidação de muitos COV. Embora os catalisadores à base de prata tenham demonstrado uma boa atividade catalítica na eliminação de vários COVs, poucos trabalhos têm sido reportados na literatura sobre a utilização deste tipo de sólido na reação de oxidação do tolueno. Neste trabalho, interessou-nos a preparação de novos catalisadores à base de prata suportados em sólidos de ZrO2 e M-ZrO2 (com M = Ce ou Fe) para a reação de oxidação do tolueno. É estudado o efeito dos teores de Ag e M nas propriedades físico-químicas destes sólidos e na sua atividade catalítica na oxidação do tolueno.

No primeiro capítulo deste manuscrito, apresentamos um estudo bibliográfico sobre os compostos orgânicos voláteis (COV, em particular o tolueno), os processos de tratamento destes compostos (em particular a oxidação catalítica e os diferentes catalisadores utilizados) e o método sol-gel (utilizado neste trabalho para a preparação de suportes de catalisadores).

No segundo capítulo apresentamos as técnicas experimentais, equipamentos e métodos utilizados para a preparação e caraterização das amostras (ZrO2; M- ZrO2; Ag/ZrO2; Ag/M-ZrO2). Os resultados da análise das propriedades físico-químicas e catalíticas das amostras obtidas são apresentados no terceiro e quarto capítulos, respetivamente. Na conclusão geral resumimos os principais resultados obtidos neste trabalho.

Capítulo I

Estudo bibliográfico

1. 1. Introdução

Este capítulo apresenta uma revisão da literatura sobre os compostos orgânicos voláteis (COV), poluentes atmosféricos nocivos para o homem e para o ambiente, e sobre os processos de tratamento de COV, nomeadamente a oxidação catalítica do tolueno e os vários catalisadores utilizados. Este capítulo inclui ainda uma apresentação do método sol-gel, utilizado para a preparação de suportes catalíticos, e uma justificação da escolha dos catalisadores à base de prata utilizados neste trabalho para a oxidação do tolueno.

1.2. Compostos orgânicos voláteis (COV)

1.2.1. Definição e propriedades químicas dos COV

Os compostos orgânicos voláteis (COV) são considerados os principais poluentes atmosféricos [6-7]. São formados essencialmente por carbono (C) e hidrogénio (H), mas podem também conter oxigénio (O), azoto (N), halogéneos (flúor (F), cloro (Cl), bromo (Br), iodo (I)), enxofre (S), fósforo (P) e silício (S).

De acordo com União Europeia, um COV é qualquer composto orgânico com uma pressão de vapor igual ou superior a 10 Pa a 20°C [8]. É caracterizado de acordo com a sua natureza física e química, o seu tempo de residência na atmosfera, o seu ponto de ebulição e a sua pressão de vapor de saturação. De acordo com a Agência de Proteção Ambiental dos EUA (EPA), um composto orgânico volátil é definido como qualquer produto orgânico com uma pressão de vapor suficientemente elevada (à temperatura ambiente) para estar quase completamente no estado de vapor. A EPA especifica também que se trata de um produto cuja pressão de vapor de saturação é superior a 13,3 Pa a uma temperatura de 25°C e que tem longevidade e reatividade suficientes com a atmosfera para poder participar em reacções fotoquímicas [8].

Em função da sua composição química, os COV podem ser classificados em quatro famílias principais:

- *COV oxigenados*: álcoois (ROH), aldeídos (RCOH), cetonas (RCOR'), ésteres (RCOOR'), etc.
- *Hidrocarbonetos saturados ou insaturados*: alcanos (C_nH_{2n+2}), alcenos (C_nH_{2n}), alcinos (C_nH_{2n-2}).
- *Hidrocarbonetos aromáticos mono e policíclicos (HAM e HAP):* benzeno (C_6H_6), tolueno (C_7H_8), xileno (C_8H_{10}), antraceno ($C_{14}H_{10}$), etc.
- *Halocarbonetos:* diclorometano (CH_2Cl_2), clorofórmio ($CHCl_3$), dicloroetileno ($C_2H_2Cl_2$).

1.2. 2. Principais fontes de emissão de COV

Há dois tipos de fontes de emissão de COV: antropogénicas e biogénicas [7, 9-12].

- *As fontes antropogénicas* incluem as emissões ligadas às actividades humanas e estão subdivididas em três sectores: industrial, residencial e transportes.
- *As fontes biogénicas* incluem emissões naturais de animais, vegetação e incêndios florestais.

I.2.3 Impacto das emissões de COV

Os compostos orgânicos voláteis são uma das principais fontes de poluição atmosférica. Têm efeitos nocivos diretos na saúde humana, ligados à sua toxicidade e odor, e efeitos indirectos no ambiente, como o smog e o aquecimento global [9-10,13-15].

I.2.3.1. Efeitos diretos dos COV: na saúde humana

Os COV, em particular os oxigenados, são nocivos para o homem, provocando reacções alérgicas como a asma [16,17] e mesmo o cancro [18,19]. Os seus efeitos tóxicos e as perturbações que podem causar variam de um composto para outro e são apresentados no Quadro 1.

Quadro 1. Efeitos tóxicos e perturbações causados pelos COV.

COVs	*Efeitos e problemas causados*
A maioria dos COVs	Dores de cabeça
Hidrocarbonetos halogenados ou aromáticos	Irritação cutânea
BTEX *, anéis de benzeno substituídos e aldeídos	Irritação ocular
Diisocianato e hidrocarbonetos aromáticos	Irritação dos órgãos respiratórios
Tolueno, clorofórmio e metilclorofórmio	Problemas cardíacos
Benzeno, tolueno e hidrocarbonetos halogenados	Doenças do aparelho digestivo
BTEX*, cumeno e hidrocarbonetos halogenados	Doenças renais
Hidrocarbonetos aromáticos e halogenados	Doenças do sistema nervoso
BTEX*, estireno, alcenos, hidrocarbonetos halogenados e formaldeídos	Efeitos cancerígenos e mutagénicos

Com : BTEX* = Benzeno, Tolueno, Etilbenzeno e Xileno

I.2. 3.2. Efeitos indirectos dos COV: no ambiente

Os compostos orgânicos voláteis têm uma série de impactos no ambiente. Sob a ação da radiação solar, estes compostos podem libertar espécies oxidantes que influenciam o nosso clima [20]. A sua toxicidade tem um efeito direto na flora e na fauna e são parcialmente responsáveis pela formação do ozono troposférico (O_3), que é considerado um gás com efeito de estufa com um efeito 2000 vezes superior ao do CO_2 [20]. A formação deste tipo de ozono é iniciada pela radiação solar na troposfera [21] e é acompanhada pela produção de outras espécies com propriedades ácidas e oxidantes (nitratos orgânicos, ácido cítrico, aldeídos, de hidrogénio, etc.). Estes contribuem significativamente para a acidez da água da chuva devido à sua elevada solubilidade.

A classificação dos COV em três famílias, de acordo com o seu papel na produção de ozono troposférico, é apresentada no Quadro 2.

Os COV, especialmente os clorados, como o tricloroetano ($C_2H_3Cl_3$) e o tetracloreto de carbono (CCl_4), desempenham um papel direto no aquecimento global, contribuindo para a destruição do ozono estratosférico [22]. A sua concentração nas camadas superiores da atmosfera conduz ao aquecimento (um aumento da temperatura de 2 a 5°C), o que, por sua vez, afecta o clima e a precipitação.

Tabela 2. Classificação dos COV de acordo com o seu papel na produção de ozono troposférico [23].

COVs	**Papel na produção de ozono troposférico**
Aromáticos, exceto benzeno Alcenos Alcanos > C6 (exceto dimetilpentano) Aldeídos (exceto benzaldeído) Naturais (isopreno)	Muito importante
Alcanos, cetonas, álcoois, ésteres	Não é importante

Alcanos (metano, etano) Alcinos (acetileno) Aromáticos (benzeno) Aldeídos (benzaldeído) Cetonas (acetona) Álcoois (metanol) Ésteres (acetato de metilo) Hidrocarbonetos clorados (metilclorofórmio, tricloroetileno e tetracloroetileno)	Muito pequeno

I.2.4 Processos de tratamento de COV

Existem duas categorias de processos de tratamento de COV: processos de recuperação e processos destrutivos. Os seus princípios de funcionamento, bem como as suas vantagens e desvantagens, são descritos em pormenor nos parágrafos seguintes.

I. 2. 4. 1 Processos de recuperação de COV

Os COV podem ser recuperados por condensação, adsorção, absorção ou separação por membranas (quadro 3).

Quadro 3. Processos de tratamento de COV recuperáveis.

Técnica	*Princípio de funcionamento*	*Benefícios*	*Desvantagens*	*Ref. Biblio.*
Condensação	-Transformação dos COV gasosos em líquidos ou sólidos através da redução da temperatura. Estes são então tratados para reutilização ou destruição.	*Recuperação de COVs condensados. *Fiabilidade e flexibilidade de utilização. *Adequado para concentrações muito elevadas (>5000ppm).	*Limitado a COVs com um ponto de ebulição < 40°C. *A presença de poeira no efluente pode levar à formação de vesículas líquidas ou sólidas que são difíceis de separar mecanicamente.	[24-25]
Adsorção em carvão ativado e zeólitos	Baseado na capacidade das superfícies sólidas para ligar certas moléculas de forma reversível, através de ligações fracas do tipo Van der Waals.	*Eficiência de 95%. *Facilidade de utilização. *Possibilidade de recuperação de poluentes.	*Manutenção periódica. *A regeneração é cara. *Condições de aplicação muito restritivas. *Este fenómeno é exotérmico	[26-29]
Absorção	Transferência de massa (soluto) da fase de vapor para a fase líquida por lavagem com um absorvente (solubilização).	*Tratamento seletivo. *Eficiência de até 98%.	*Custo elevado. *O adsorvente é por vezes tóxico.	[30-33]
Separação por membranas	Fracionamento de uma mistura gasosa em contacto com uma membrana semipermeável à qual é aplicada uma diferença de pressão.	*Funcionamento até temperaturas superiores a 200°C. *Taxas de recuperação de até 99%.	*Custos de funcionamento elevados.	[34-35]

I.2.4.2 Processos destrutivos para o tratamento de COV

Dos processos destrutivos (enumerados na Tabela 4), a oxidação térmica ou incineração é o mais utilizado, mas consome muita energia porque funciona a altas temperaturas (>1000°C) [36]. Além disso, pode levar à formação de subprodutos que são mais tóxicos do que os compostos iniciais. No entanto, a oxidação catalítica revela-se uma técnica interessante porque, na presença de um catalisador, permite a destruição dos COV a baixas temperaturas, o que tem a vantagem de reduzir o custo económico em relação à incineração e evitar a formação de subprodutos ainda mais tóxicos que os compostos iniciais [37-39]. Além disso, esta reação permite converter seletivamente os COV e as partículas carbonosas em dióxido de carbono (CO_2) e água (H_2O) [11-12].

Tabela 4. Processos destrutivos para o tratamento de COVs.

Técnicas	*Princípios*	*Benefícios*	*Desvantagens*	*Ref. Biblio.*
Destruição biológica	Biodegradação em ambiente aeróbio ambiente aeróbio de poluentes por certos microrganismos.	*Baixos custos de funcionamento. *Pode ser utilizado à temperatura ambiente.	*Requer uma monitorização constante do sistema (humidade, temperatura, etc.). *Limitado a COVs biodegradáveis.	[40-41]
Incineração térmica	Destruição de poluentes gasosos com uma chama na presença de O2 (combustão).	*Eficiência de destruição de 99,99%. *O calor libertado pode ser recuperado.	*Formação de NOx. * Custos energéticos muito elevados. * Risco de explosão * Delicado para COVs halogenados.	[42]
Oxidação catalítica	Degradação de hidrocarbonetos em CO_2 e H_2O sobre um catalisador a temperaturas mais baixas do que a incineração.	*Temperaturas de destruição baixas (200-400°C). *Não há formação de NOx. *Altamente eficaz: até 99% de destruição.	*Risco de desativação ou envenenamento do catalisador. *Os catalisadores de metais preciosos são demasiado caros.	[34]

I.2.5 Oxidação catalítica de COVs

A catálise heterogénea tem sido adoptada como um meio eficaz de destruição dos COV a temperaturas relativamente baixas (<500°C). Requer a presença de uma entidade química sólida que contenha uma fase ativa e permita a realização de reacções orgânicas em condições frequentemente moderadas [43]. Neste caso, a reação tem lugar na interface gás/sólido ou líquido/sólido e processa-se em cinco fases [44], como se mostra no diagrama seguinte:

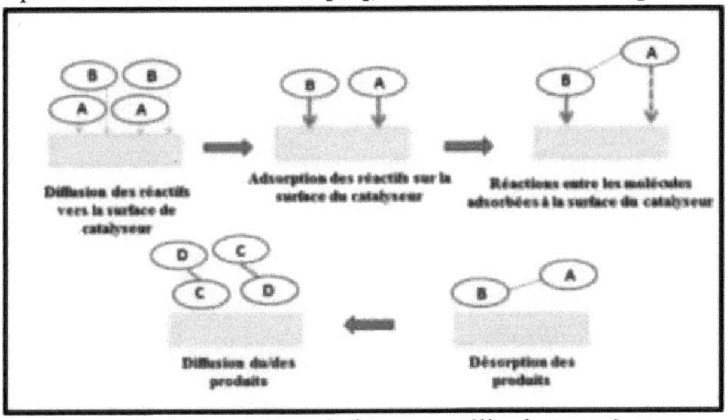

Fases de uma reação química em catálise heterogénea.

Fase 1: Difusão dos reagentes da fase fluida para a superfície do catalisador.

Fase 2: Adsorção dos reagentes na superfície do catalisador: as moléculas de reagente ligam-se à superfície do catalisador por adsorção física (fisissorção) ou adsorção química (quimissorção).

Note-se que a fisissorção é um fenómeno físico de adsorção que ocorre a baixas temperaturas entre o reagente e o catalisador através de interações fracas do tipo Van Der Waals (interações dipolo-dipolo de energia inferior a 20 kJ/mol). A quimisorção, por outro lado, é um fenómeno químico que ocorre a temperaturas ligeiramente superiores às da fisisorção. Neste caso, forma-se uma forte interação do tipo ligação covalente entre os reagentes e o catalisador, e as moléculas adsorvidas tornam-se muito mais reactivas do que no fluido. Embora a adsorção dos reagentes seja essencial, não deve ser demasiado forte, pois corre-se o risco de formar espécies demasiado estáveis, impedindo a sua reação/dessorção posterior e, portanto, a reutilização do local catalítico.

Fase 3: Reacções químicas na superfície do catalisador.

Fase 4: Dessorção dos produtos da reação, que se desprendem da superfície catalítica num processo endotérmico. Esta fase é mais lenta no caso da quimisorção do que no caso da fisisorção, uma vez que é muito mais energética.

Fase 5: Difusão do(s) produto(s) no meio reacional gasoso.

O catalisador é finalmente regenerado e está pronto para um novo ciclo catalítico.

1.2. 5.1. Catalisadores utilizados na oxidação de COV

Um catalisador ideal para a oxidação de COV deve ser ativo a baixas temperaturas, termicamente estável, possuir uma elevada seletividade de CO_2, ser barato, durável, capaz de oxidar eficientemente baixas concentrações de poluentes a elevados caudais com pouca ou nenhuma desativação e deve mostrar boa resistência ao envenenamento. A literatura refere vários estudos que envolvem a utilização de diferentes tipos de catalisadores em massa ou suportados na oxidação de diferentes COV.

Os catalisadores de massa são metais ou óxidos metálicos em estado simples ou misto. Caracterizam-se pela homogeneidade da sua composição superficial e do seu volume (a sua parte interna). Estes sólidos caracterizam-se geralmente por uma porosidade e uma superfície específica reduzidas, que limitam o contacto com o(s) reagente(s).

Os catalisadores suportados são formados por uma fase ativa (responsável pela reação), geralmente um metal nobre ou de transição, depositada num suporte sólido. A escolha do suporte depende de vários critérios:

- A sua estabilidade estrutural em condições de reação.
- A sua própria atividade catalítica está ligada à presença de funções ácido-base ou de pares redox.
- A sua grande área de superfície específica, que permite frequentemente uma boa atividade catalítica devido ao aumento da superfície de contacto reagente-catalisador.

Nos quadros 5 e 6 apresentam-se alguns exemplos de massas e catalisadores suportados e de COV tratados.

Tabela 5. Massa dos catalisadores utilizados na oxidação de COVs.

COVs tratados	***Catalisadores utilizados***	***Principais resultados***	***Ref. biblio.***
Propano e tolueno	Co_3O_4	-Ativo a baixas temperaturas (160°C para o propano e 200°C para o tolueno).	[45]

		-$CO_{(2)}$ seletivo: 100% para o propano e 99% para o tolueno.	
COV clorados : Diclorometano, -1,2-dicloroetano - Tetracloreto de carbono - Tricloroetileno - Tetracloroetileno.	CeO_2	- O CeO_2 caracteriza-se por uma elevada capacidade de transporte de oxigénio e por uma capacidade de se transformar facilmente entre as suas formas reduzida e oxidada (Ce^{3+}-Ce^{4+}). - 90% de destruição a 260°C para o tetracloroetileno e 160°C para o diclorometano. - A presença de água (30.000 ppm) inibe a destruição do tricloroetileno.	[46]
Propeno e propano	Mп2O3, Fe2O3,Mn3O4 Mп2O3-Pe2O3	A atividade catalítica diminui pela seguinte ordem: Mn_2O_3-Fe_2O_3>Mn_3O_4>Mn_2O_3> Fe_2O_3	[47]
1,2-dicloi'()etano	CO3O4	-Co_3O_4 apresenta um forte potencial conversor catalítico. - Obtém-se uma seletividade de 100% para o $CO_{(2)}$.	[48]
Propano e propeno	$MgCr_2O_4$	-Ativo no intervalo de temperatura 173-473°C. -$CO_{(2)}$ seletivo.	[49]
Benzeno	CuO-CeO_2	-A atividade catalítica está ligada à presença de espécies superficiais reactivas $Cu^{(2+)}$) e O_2, cuja formação é favorecida pelo aumento da temperatura de calcinação.	[50]
Hidrocarbonetos leves	Co3O4,CиO ,NiO, Mп2O3, Fe2O3 CГ2O3.	- O Co_3O_4 é o mais ativo. -A atividade diminui pela seguinte ordem: > Co_3O_4>CuO>NiO> Mn_2O_3>Fe_2O_3 Cr2O3.	[51]

Tabela 6. Catalisadores suportados utilizados na oxidação de COV

COVs tratados	**Catalisadores utilizados**	**Principais resultados**	**Ref. Biblio.**
Monóxido de carbono	Pd/AlO Pd/CeO_2/Al_2O_3	- A natureza do precursor de Pd influencia a atividade catalítica: os catalisadores preparados com $PdCl_2$ e $Pd(acac)_2$ apresentam melhores actividades do que os preparados com $Pd(NO_3)_2$. -A presença de CeO_2 favorece a oxidação do CO.	[52]
Benzeno	Pt/y-AlA Pt/h-BN	- A natureza do suporte influencia a atividade catalítica: o Pt/h-BN é mais ativo do que o Pt/γ-Al_2O_3.	[53]
O-xileno	Pt/zeólito	-O teor de Pt influencia a atividade catalítica: 0,3% Pt/zeólito é ativo a partir de 225°C, enquanto 0,1% Pt/zeólito é ativo a cerca de 240°C.	[54]
Monóxido de carbono, etanol e tolueno	Pt/TiO_2, Pd/TiO_2 Rh/TiO_2, Ir/TiO_2 Au/TiO_2	A atividade catalítica diminui pela seguinte ordem: Pt/$TiO_{(2)}$>Pd/$TiO_{(2)}$>>Rh/TiO_2~Ir/TiO_2>>Au/TiO_2.	[55]
Metil isobutil cetona	Pt/Zeólitos	-Ativo a 185°C.	[56]

		-A oxidação é afetada por: a acidez do substrato, a relação Si/Al e o teor de Pt.	
Tolueno	Pd/MgO, Pd/Al2O3, Pd;O,. Pd/SiO2, Pd/SnO2, Pd/WO3 e Pd/ZrO_2	-As propriedades ácido-base do suporte influenciam a interação entre a fase ativa e o suporte, que por sua vez controla a atividade do Pd. -Boa estabilidade do Pd em ZrO_2. O -Pd/ZrO_2 é o mais ativo	[57]
Clorobenzeno	V;O,TIO; V;O, TiO; sulfatado	-V_2O_5/TiO_2 menos ativo que o V_2O_5/TiO_2 sulfatado. .As espécies de sulfato melhoram a acidez do sólido. - A interação entre os grupos sulfato e as espécies de vanádio melhora a reatividade dos sítios redox do vanádio.	[58]
Acetato de etileno	M (Fe, Co, Cu, Cr e Mn)/Al2O3Ce0.5Zr0.5O2	-CuM.l2O3Ce0.5Zr0.5O2 e MnMl2O3Ce0.5Zr0.5O2 são os mais activos: a conversão atinge 99% a 245°C. -Boa dispersão e redução de Mn e Cu em Al2O3Ce0.5Zr0.5O2.	[59]
Benzeno e acetaldeído	Cu-Mn/TiO2 Cu-Mn/ZrO_2 Cu-Mn/AhO3	-A atividade catalítica é influenciada pela natureza do suporte e pelas suas propriedades redox. Segue a seguinte ordem decrescente: Cu-Mn/$TiO_{(2)}$> Cu-Mn/$ZrO_{(2)}$> Cu-Mn/Al_2O_3.	[60]
Tolueno	Cr-Cu/SiO2 Cr-Cu/SBA-15	-Cr-Cu/SBA-15 é muito mais ativo do que Cr-Cu/SiO2. - A atividade dos sólidos é influenciada pela natureza do substrato.	[61]

Os trabalhos publicados na literatura mostraram que os metais nobres, em especial o paládio e a platina, são os mais activos na oxidação dos COV [45-49]. No entanto, o seu elevado custo limita atualmente a sua utilização e estão a ser substituídos por metais de transição como o manganês (Mn), o ferro (Fe), o cobre (Cu), o cobalto (Co) e a prata (Ag). Estes últimos mostraram também uma atividade significativa na oxidação de compostos orgânicos voláteis, o propeno, o clorobenzeno, o acetato de etileno, o benzeno e o tolueno [58-62].

I.2.5.2. Utilização de catalisadores de prata na oxidação de COV

A prata é um elemento de transição à direita do paládio na tabela periódica (linha 5). As suas caraterísticas físico-químicas e propriedades oxidantes podem ser semelhantes às do Pd. Por conseguinte, muitos trabalhos têm-se centrado na utilização de catalisadores contendo Ag na oxidação de compostos orgânicos voláteis. De facto, Lj. Kundakovic et al. [62] testaram uma série de catalisadores contendo 1%, 2%, 3,5%, 5%, 6,5%, 7,9% ou 8% de Ag suportada em zircónia na reação de combustão do CH4. Mostraram que os catalisadores são activos na oxidação de CH4 para T > 300°C e que a atividade catalítica é afetada pelo teor de prata e pelo estado de oxidação e dispersão das partículas de Ag.

Z. Guerra-Que et al [63] estudaram a reação de oxidação húmida do éter metil-terc-butílico em sólidos de Ag/ZrO2-CeO2 (com CeO2 = 0 ; 0,5 ; 1 ; 5 ; 10 ; 15 e 20 wt. %). Mostraram que a adição de cério favorece a formação de espécies de Ag2O e que o teor de CeO2 de 15 % em peso conduz à melhor atividade catalítica.

Na combustão do negro de fumo: K. Schimizu et al [64] explicaram a atividade catalítica dos sólidos Ag/CeO2 pela boa dispersão das espécies Ag2O na superfície do suporte. G. Corro et al [65] mostraram que a atividade catalítica dos sólidos Ag/SiO2 se deve à presença de Ag metálico e de óxidos de prata. K. Yamazaki et al [66] relataram que uma forte interação entre

Ag e Ce permite a formação de espécies oxigenadas de O_n^{x-} (O^{2-} é uma delas) na superfície do catalisador Ag/CeO2, que participam na oxidação do negro de fumo.

S. Imamura et al [67] observaram que a céria, no catalisador Ag/CeO2, desempenha um papel importante na oxidação do monóxido de carbono (CO) a baixas temperaturas devido à sua elevada capacidade de oxidação-redução e porque permite uma boa dispersão das espécies de prata na superfície do catalisador.

Z. Qu et al [68] comunicaram que a conversão total de CO é obtida a T < 65°C num catalisador mesoporoso Ag/CeO2. Obtém-se também uma boa atividade catalítica sobre catalisadores Ag/SBA-15 e esta é afetada pela natureza do gás utilizado para o pré-tratamento do catalisador e pela quantidade de prata [69].

Q. Ye et al [70] mostraram que 5% em peso de Ag é a quantidade óptima prata para obter uma melhor atividade catalítica na oxidação do benzeno e do CO em catalisadores do tipo Ag/nanoMnO2 a x% (1%<x<10%).

M. Skaf et al [71] estudaram o efeito do método de preparação (impregnação (Imp) e deposição por precipitação (DP)) no poder catalítico do sólido Ag/CeO2 na oxidação de propeno, monóxido de carbono e negro de fumo. $^{++}$Os autores referiram que o sólido preparado por Imp é mais ativo do que o preparado por DP, o que se deve à presença dos pares redox Ag^{2+}/Ag , Ag^{2+}/Ag^0, Ag /Ag^0 apenas no primeiro catalisador.

I.2. 5.3. Mecanismos de oxidação dos COV

A oxidação catalítica total de um COV simples (contendo apenas C e H) ocorre de acordo com a seguinte equação de equilíbrio:

$$\wedge\ C_m H_n + (m + n/4)\ O_2\ n/2\ H_2O + m\ CO_2$$

De acordo com a literatura, a primeira fase desta reação corresponde à forte adsorção do COV no centro ativo de um átomo de oxigénio aniónico do catalisador e à formação de um complexo ativado que reage depois para dar os produtos da reação. Estes são dessorvidos da superfície do catalisador e o oxigénio aniónico perdido é substituído por outro oxigénio gasoso graças à interação existente entre o suporte e o O2 gasoso [72].

Os mecanismos de reação relatados na literatura para a oxidação de COVs são : Eley Rideal, Langmuir Hinshelwood e Mars-Van Krevelen. Nestes mecanismos, é necessária uma certa mobilidade do oxigénio superficial e um ciclo redox que ocorre na superfície do catalisador entre o O2 superficial (quimisorvido ou pertencente à rede) e um reagente quimisorvido ou em fase gasosa [72].

No mecanismo de Eley Rideal (ER), ocorre uma reação direta entre um reagente existente na fase gasosa e um oxigénio adsorvido na superfície do catalisador. Aranzabal et al [73] utilizaram este mecanismo para explicar a oxidação total do tricloroetileno (TCE) no sólido Pd/Al2O3.

No mecanismo de Langmuir Hinshelwood (LH), o reagente é adsorvido à superfície do catalisador e reage com o oxigénio adsorvido para dar os produtos, que são depois dessorvidos da superfície do sólido. Gotz-Veser et al [74] explicaram a oxidação de vários alcanos (metano, etano, propeno e isobutano) sobre catalisadores de metais nobres (Pt, Pd, Rh, Ir) através deste tipo de mecanismo.

O mecanismo de Mars-Van Krevelen (MVK) é o mais amplamente descrito para a oxidação de COVs em óxidos metálicos. Neste mecanismo, o reagente é oxidado por um oxigénio no suporte de óxido, que é reduzido e é criado um sítio vago na superfície. Este sítio é novamente ocupado por um de oxigénio graças a uma reação entre o suporte e o oxigénio gasoso. P.Mars, D.W.Van Krevelen [75] relataram que a oxidação do naftaleno sobre o V_2O_5 ocorre de acordo com este mecanismo e seguindo estas duas etapas:

HC	+	KO	→HCO	+	K
Réactif		**Cat.OX**	**Produit**		**Cat.réd**

K	+	½ O_2	→	KO
Reagente		**Cat.OX**	**Produto**	**Cat.red**

> *Na primeira fase,* o reagente (hidrocarboneto HC) co-alimentado com oxigénio O_2 (diluído ou não) é transformado num produto oxigenado "HCO" (geralmente com produção de água) graças ao oxigénio O^{2-} do catalisador na sua forma oxidada (KO).

> *Na segunda fase,* o catalisador reduzido (K) é reoxidado a KO pelo oxigénio.

O mecanismo de Mars-Van Krevelen [47,64,69,76-79] é amplamente utilizado para explicar a oxidação catalítica de COV (como o propeno, o monóxido de carbono, o negro de fumo e certos hidrocarbonetos e oxigenados C_3) sobre catalisadores como o Mn_3O_4, CeO_2, CuO, Ag/CeO_2 e Fe_2O_3.

Para além das suas propriedades redox e da elevada mobilidade do oxigénio, a acidez de um catalisador também influencia a sua atividade na oxidação de COV [73-77]. Segundo Popovas et al [78], as propriedades ácido-base do catalisador afectam a sorção de moléculas orgânicas e, consequentemente, a sua conversão em reacções de oxidação. Papaefthimiou et al [79] obtiveram uma melhor oxidação do acetato de etilo a baixas temperaturas sobre Pt/TiO_2 (w $^{6+}$) do que sobre Pt/TiO_2. Atribuíram este facto à acidez, que é maior para Pt/TiO_2 (w $^{6+}$). Além disso, Okumura et al [80] observaram que as propriedades ácido-base do suporte (Al_2O_3, Nb_2O_5, SnO_2, WO_3 e ZnO_2) influenciam a interação entre a fase ativa e o suporte e afectam a atividade catalítica do paládio.

I. 3 Oxidação catalítica do tolueno

I. 3. 1 Tolueno

O tolueno é um hidrocarboneto aromático derivado do benzeno, com a fórmula química C_7H_8. À temperatura ambiente, é um líquido incolor, altamente volátil, com um odor extremamente forte, semelhante ao do benzeno [21, 83-84]. As propriedades físico-químicas deste composto são apresentadas na Tabela 7.

Tabela 7. Propriedades físico-químicas do tolueno.

Nome	Metilbenzeno ou fenilmetano
Fórmula química	C_7H_8
Condição física	Líquido
Massa molar	92,14 g/mol
Densidade	867 kg/m^3
Ponto de ebulição	110,6 °C
Ponto de fusão	-95°C
Temperatura de auto-ignição	535°C
Pressão de vapor	3 kPa a 20 °C e 3,8 kPa a 25 °C
Densidade	0,866
Densidade do vapor	3,14
Estabilidade	Estável

I.3.2 Efeitos nocivos do tolueno

Nos seres humanos, a principal via de exposição ao tolueno é a inalação, em que a absorção é de cerca de 50% (proporcional à ventilação pulmonar). A absorção por via oral é de 100%. O quadro 8 resume os principais efeitos da exposição breve e prolongada ao tolueno [85-86].

Quadro 8. Efeitos nocivos do tolueno para a saúde.

Natureza da exposição ao tolueno	***Efeitos nocivos para a saúde humana***
Breve (risco agudo)	*Ingestão de tolueno:* Dor abdominal, náuseas, vómitos, diarreia, perturbação da consciência (até coma). *Inalação de tolueno:* tosse, febre, pneumonite, dispneia, euforia, alucinação, fadiga, tonturas, fraqueza muscular, insónia, confusão mental, perturbações da coordenação, diminuição do ritmo cardíaco e paragem respiratória (dependendo da concentração e da duração da exposição aos vapores de tolueno). *Contacto com tolueno:* Irritação ocular e dermatite irritante.
Prolongado (risco crónico)	Perturbações da memória e da concentração, insónias, diminuição do desempenho intelectual (dependendo do grau de exposição). Dermatite irritante crónica: ligada à ação secante e desengordurante do tolueno sobre a pele.

I.3.3 Catalisadores utilizados na oxidação do tolueno

testados vários tipos de catalisadores na oxidação do tolueno (C_7H_8). H. J. Kim et al [87] mostraram que o sólido Mn-Ce/Al_2O_3 se caracteriza por uma boa mobilidade do oxigénio e uma melhor atividade catalítica na oxidação do C_7H_8 em comparação com os catalisadores Mn/Al_2O_3 e Ce/Al_2O_3. Enquanto S. C. Kim et al [88] observaram que a atividade dos óxidos de Mn na reação de oxidação do benzeno e do tolueno diminui por esta ordem: $Mn_3O_4 > Mn_2O_3 > MnO_2$. K. Jiratovaet al [89] relataram que a adição de 1% em peso de potássio (K) ao sistema catalítico Co-Mn-Al modifica as suas propriedades ácido-base e melhora a sua atividade na oxidação total do tolueno.

M. Hosseini et al [90-91] estudaram o efeito da composição do núcleo e da casca de um sistema Pd-Au/TiO_2 no seu poder catalítico na oxidação do tolueno. Concluíram que um sistema com um núcleo rico em Au é mais ativo do que um sistema com um núcleo rico em Pd.

T. Barakat et al [72] estudaram o efeito da natureza do precursor de Pd na atividade catalítica do sólido Pd/TiO_2 na oxidação do tolueno e mostraram que o Pd(NO_3) conduz ao sólido mais ativo.

J. G. Guo et al [92] demonstraram que o material CuO/zeolite contendo céria é mais ativo na oxidação de vários COV (etanol, acetona, tolueno e benzeno) do que o preparado sem céria.

X. Liang et al [93] referiram que a quantidade de ferro influencia a conversão total de tolueno em catalisadores Fe-Ti-PILC. A melhor atividade catalítica é obtida para um teor de ferro de 3,75%. Para além disso, os catalisadores apresentam uma elevada estabilidade na presença de 50.000 ppm de água.

I.3.4 Utilização de catalisadores de Ag na oxidação do tolueno

Apesar de os catalisadores à base de prata (Ag/SiO_2, Ag/CeO_2, Ag/ZrO_2, Ag/SBA-15, etc.) terem mostrado bons desempenhos catalíticos na oxidação de COVs (monóxido de carbono, benzeno, metano, negro de fumo, propeno), são, de acordo com a bibliografia, pouco utilizados na reação de oxidação do tolueno [94-97] . Por exemplo, M. Xue et al [94] mostraram que o catalisador Ag/V2O5 é ativo na oxidação do tolueno e conduz aos produtos benzaldeído e ácido benzoico. Ge et al [95] observaram que a adição de prata ao sólido V2O5/TiO2 aumenta a sua atividade catalítica e melhora a sua seletividade para o benzaldeído e o ácido benzoico. Z. Qu et al [96] verificaram que o catalisador Ag-Mn/SBA-15 era mais ativo do que os que continham apenas Ag ou Mn. Conduz à oxidação total do tolueno a CO_2 a 260°C. J. Li et al [97] revelaram que a estrutura e a morfologia do MnO2 afectam a atividade catalítica do sólido Ag/MnO2 na oxidação do tolueno. Esta atividade diminui pela seguinte ordem: Ag/MnO2 nanofios> Ag/MnO2 nanobastões> Ag/MnO2 nantubos

X. Zhang et al [98] estudaram o efeito do teor de Ag nas propriedades catalíticas do sólido Ag/UiO-66. Mostraram que o sólido 10Ag-U é o mais ativo entre 295 e 400°C devido à presença de Ag^0 na sua superfície. Oxida o tolueno em benzaldeído e ácido benzoico.

M. Lu [99] referiu que a amostra 2%FeOx-1%AgOy/SBA-15 é mais ativa na reação de oxidação do tolueno com assistência de plasma não térmico (NTP) do que os sólidos SBA-15 e 3%FeOx/SBA-15 porque a presença de Ag melhora a dispersão e a redução do FeOx.

Y.Qin et al [100] estudaram o efeito das condições de pré-tratamento (O2 a 500 °C (O500), H_2 a 500 °C (H500), O2 a 500 °C e H_2 a 300 °C (O500-H300)), na atividade dos catalisadores Ag(x)/SBA-15 com x = 6, 8, 10, 12, 16 e 25%. Mostraram que o catalisador Ag (12)/SBA-15 (O500-H300) apresenta uma excelente atividade catalítica, o que se deve à presença de nanopartículas de Ag bem dispersas na superfície, capazes de ativar facilmente o O2.

I. 3.5 Métodos de preparação dos catalisadores utilizados na oxidação do tolueno

Os métodos mais utilizados para a preparação de catalisadores para reacções de oxidação são a impregnação, a co-precipitação e a precipitação [101-107].

I.3. 5.1 Impregnação

Neste método, o substrato é posto em contacto com uma solução de precursores metálicos. Diz-se que o substrato está seco se o volume da solução for igual ao volume dos poros do substrato, enquanto que se diz que tem excesso de solvente se o volume da solução for superior ao volume dos poros do substrato. O solvente é então removido por secagem, o que promove a formação de cristais precursores no interior dos poros do substrato. Dependendo da existência de interações fracas ou fortes entre os precursores metálicos e o substrato, existem dois tipos de impregnação: imersão e permuta iónica. Os zeolitos de permuta catiónica são um bom exemplo deste último.

A imersão (ou molhagem) consiste simplesmente em colocar o substrato em contacto com a solução do precursor metálico. Esta solução é distribuída nos poros do substrato por ação capilar. A agitação à temperatura ambiente assegura uma homogeneidade satisfatória. Por fim, a secagem (geralmente efectuada por simples evaporação) leva à formação de cristais de precursores no interior dos poros do substrato.

1.3.5.2. Co-precipitação

Este método consiste na precipitação simultânea da fase ativa e do suporte numa solução por ação de um agente precipitante [108]. O sólido obtido é então seco e ativado por um tratamento térmico adequado. Utilizando esta técnica, podem ser depositados simultaneamente no suporte sais metálicos de diferentes metais.

Note-se que o metal é raramente utilizado no estado sólido, porque a sua superfície específica é demasiado pequena. É por isso que é frequentemente depositado num suporte, a uma taxa de alguns por cento em massa, aumentar a sua superfície ativa.

1.3.5.3. A pressa

Neste caso, uma solução de um sal metálico é posta em contacto com um suporte. A mistura é então precipitada pela adição de uma base (como o KOH) e mantida sob agitação com ou sem aquecimento. Por fim, o sólido é recuperado e lavado com água [109].

Tem sido referido na literatura que o método de preparação de catalisadores tem uma grande influência nas suas propriedades físico-químicas e catalíticas. Neste trabalho, utilizámos o método sol-gel para a preparação de suportes de catalisadores porque tem muitas vantagens, nomeadamente :

- Obtenção de materiais homogéneos de elevada pureza (devido à dispersão dos precursores em solução).
- Síntese de pós muito finos
- Melhor controlo da textura, composição e estrutura do que com os métodos convencionais.
- O desenvolvimento de materiais específicos para grandes superfícies
- Um grande domínio da dopagem.

1.3.5.4. Processo Sol-gel

1. 4. 1 Definições

O Sol-Gel é definido como uma suspensão de pequenas partículas coloidais num líquido. Na sequência da associação e agregação de partículas coloidais por reacções químicas, pode evoluir para uma rede de viscosidade infinita denominada "gel". Os agregados deste gel aprisionam o solvente numa rede tridimensional [110]. A secagem do gel (eliminação do solvente) provoca a diminuição do volume e pode dar origem a dois tipos de material:

> Um xerogel é seco numa estufa sob pressão atmosférica.

> Um aerogel se a secagem for efectuada numa autoclave (com condições de solvente supercrítico).

As várias fases envolvidas na síntese sol-gel são apresentadas na Figura 1.

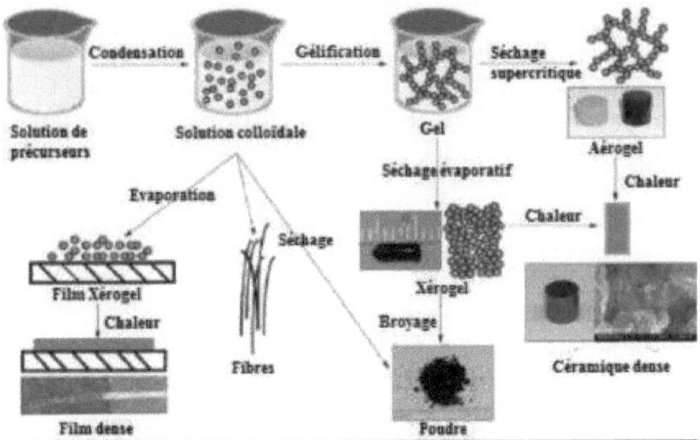

Figura 1. As diferentes fases da síntese sol-gel.

O método sol-gel envolve duas vias: a via inorgânica, em que os precursores são sais metálicos dissolvidos numa solução aquosa, e a via orgânica, em que os precursores são alcóxidos metálicos misturados numa solução orgânica com água.

I. 4.2 Alcóxidos metálicos

Os alcóxidos metálicos são compostos de fórmula geral M(OR)n, em que OR é um grupo alcóxi e M é um metal n-valente. J. Livage et al [111] referiram que os alcóxidos de metais de transição ($Zr(OEt)_4$, $Ti(oEt)_4$, $Nb(OEt)_5$, $Ta(OEt)_5$, $VO(OEt)_5$ e $W(OEt)_6$) são extremamente reactivos com a água devido à presença de um grupo alcoxi eletronegativo que expõe o átomo de metal ao ataque nucleofílico [112].

I. 4.3 Reacções de hidrólise e de condensação

O mecanismo do método sol-gel baseia-se em dois tipos de reacções: hidrólise e condensação, que são descritas em pormenor nos parágrafos seguintes.

1. 4. 3. a) Reacções de hidrólise

Esta reação leva à formação de "sol" e ocorre entre o alcóxido e a água de acordo com equação de equilíbrio (1)

$$M\text{-}(OR)_n + x\,H_2O \;\hat{}\; M(OH)_x(OR)_{n-x} + x\,ROH \quad (1)$$

Ж As etapas de hidrólise são:

- Ataque nucleofílico do metal pela molécula de água (a^b)
- Transferência de protões da água para o grupo (OR) (b^c)
- A eliminação de uma molécula de álcool (c^d)

Ж O mecanismo hidrólise de alcóxidos é o seguinte:

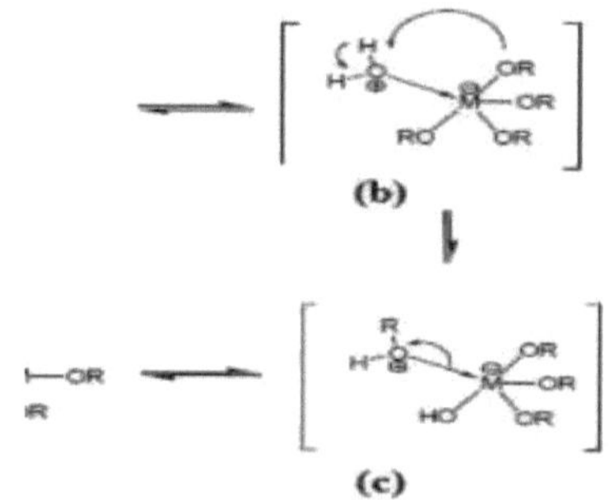

I. 4. 3. b) Reacções de condensação

A condensação começa logo que se formam os grupos activos M(OR)n-x-OHx. Estes reagem entre si ou com uma molécula de alcóxido M(OR)n para formar um gel. Durante a condensação, podem ocorrer diferentes mecanismos: alcoxolação, oxolação, alcoolização e olação.

é a alcoxolação: formação de uma ponte oxo "M-O-M" e eliminação de uma molécula ROH de acordo com a equação (2).

$$\mathbf{M\text{-}OH + RO\text{-}M \rightarrow M\text{-}OM + ROH \; (2)}$$

Ж O mecanismo de alcoxidação dos alcóxidos é o seguinte:

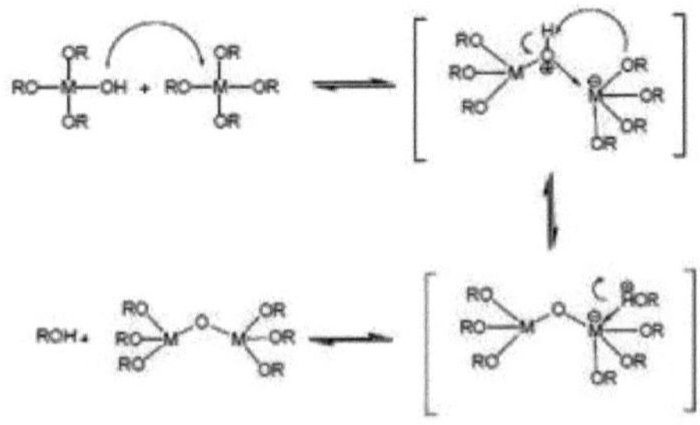

s3 Oxolação: Formação de uma oxo ponte por uma reação entre duas moléculas de M-OH com a eliminação de uma molécula de água, de acordo com a equação (3).

$$\text{M-OH} + \text{HO-M} \rightarrow \text{M-O-M} + H_2O \quad (3)$$

O mecanismo de oxidação dos alcóxidos é o seguinte

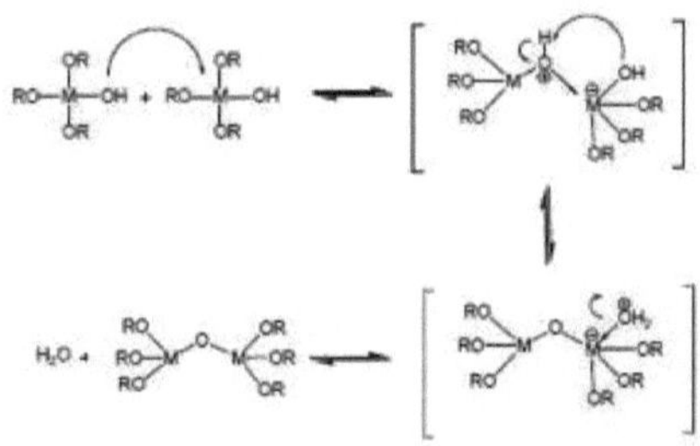

Alcoolização: Neste caso, os ligandos terminais (OR), ligados a um único centro metálico, formam uma ponte entre os centros metálicos de acordo com o seguinte mecanismo:

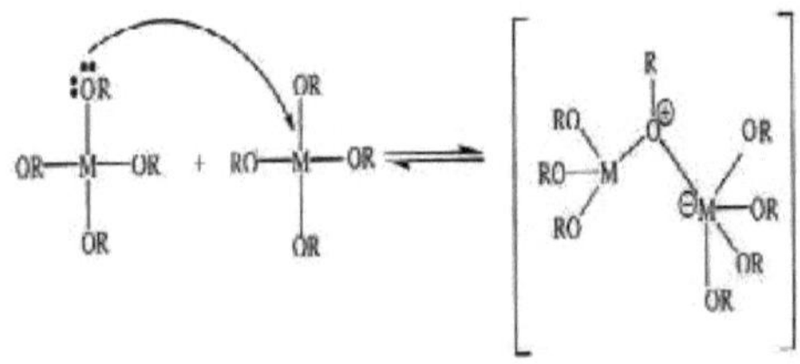

O Olation: formação de uma ponte hidroxo M-OH-M com eliminação de uma molécula ROH ou H_2O pelo seguinte mecanismo:

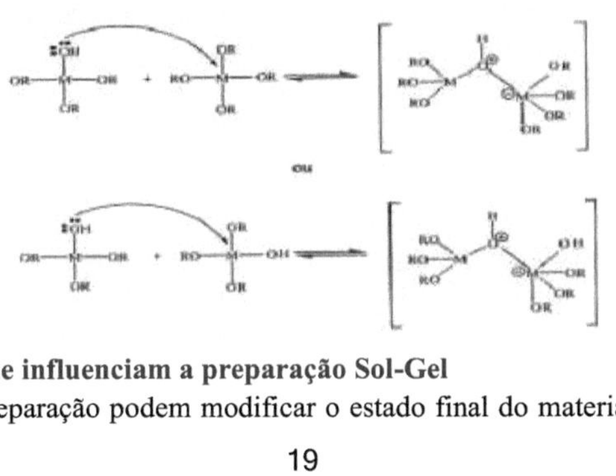

I. 4.4 Parâmetros que influenciam a preparação Sol-Gel

Vários factores de preparação podem modificar o estado final do material obtido, tais como:

parâmetros internos (natureza do metal e do grupo OR, estrutura do precursor, etc.) e parâmetros externos (razões de hidrólise e complexação, solvente, pH, temperatura, concentração de alcóxido, etc.).

I.4. 4. a) Efeito do átomo de metal e do grupo alquilo

A reatividade dos alcóxidos metálicos depende da natureza electrofílica do metal e do seu grau de oxidação (N-Z) [111]. Geralmente, o grau de oxidação Z do metal é menor que o seu número de coordenação N [113], pelo que o metal tende a aumentar o seu número de coordenação formando oligómeros [111]. Por exemplo, o estado de oxidação do alumínio (+3) é inferior ao seu número de coordenação (+6), pelo que os alcoolatos de alumínio são muito reactivos e encontram-se geralmente sob a forma de oligómeros, enquanto os alcoolatos de silício são menos reactivos, uma vez que para o silício o número de insaturação (N-Z) é zero [111]. Além disso, o grau de oligomerização dos alcóxidos metálicos diminui quando a ramificação do grupo alquilo aumenta devido ao efeito estérico deste grupo [114].

I. 4. 4. b) Efeito do solvente

Os alcóxidos metálicos não são solúveis em água, mas são solúveis em álcoois. Note-se que quando o alcóxido é solubilizado num álcool com o mesmo grupo alcóxi OR, a complexidade molecular é reduzida e a reatividade em relação à hidrólise aumenta.

Quando o álcool utilizado não tem o mesmo grupo OR que o alcóxido, pode ocorrer uma reação de troca de acordo com a seguinte equação:

$$M (OR) n + x R'OH \wedge M (OR) n\text{-}x + x ROH$$

A troca é mais fácil quando o impedimento estérico do grupo alcoxi é baixo. Segue a seguinte ordem: MeO > EtO > PriO > ButO e afecta o tempo de gelificação e as propriedades físico-químicas da amostra preparada. De facto, C.Sanchez et al [112] mostraram que os géis preparados a partir de soluções de Si(OMe)4/MeOH e Si(OMe)4/EtOH não se caracterizam pelo mesmo tempo de gelificação e conduzem a pós com diferentes áreas de superfície específicas; 305 m^2/g e 169 m^2/g, respetivamente.

1. 4. 4. c) Efeito do rácio de hidrólise (h)

Vários estudos demonstraram que a razão de hidrólise (h= nH2O/nM(OR)n) tem uma grande influência na cinética das reacções de hidrólise e condensação. C. Sanchez et al [112] mostraram que o tempo de gelificação pode ser fixado por meio deste parâmetro e são considerados três domínios:

❖ ***Se h < 1*:** A hidrólise é controlada pela ausência local de água e a condensação ocorre por alcoxolação e alcolação. A gelificação ou a precipitação não podem ocorrer devido à falta de água.

❖ ***Se 1 <h <n*:** ocorre uma hidrólise rápida e a condensação pode ocorrer por alcoxolação e oxolação. Se a carga parcial do grupo OR for positiva, a alcoxolação é termodinamicamente favorecida e se a coordenação máxima do metal for zero (N-Z = 0), a oxolação torna-se competitiva. Note-se que, no caso dos alcóxidos de metais de transição, a olação é favorecida devido às condições de carga favoráveis: (δ (OH) << 0 ou δ (M) >> 0 e N-Z >> 0).

❖ **Se h > n:** A hidrólise é favorecida pelo excesso de água e a condensação produz géis ou precipitados gelatinosos, provavelmente pelo mecanismo de olação (e não de oxolação).

I.4. 4. d) Efeito dos agentes complexantes

Para evitar a precipitação rápida e controlar as propriedades dos sólidos preparados (tamanho, morfologia, etc.), são adicionados agentes complexantes, tais como moléculas nucleofílicas (XOH). Estes agentes permitem obter novos precursores moleculares mais estáveis do que os precursores iniciais, de acordo com a seguinte reação

M (OR) + x XOH ^ M (OR) n-x (OX) x + xROH

Outros agentes complexantes utilizados incluem ácidos inorgânicos, ácidos carboxílicos e β-dicetonas [110]. Os efeitos de vários metal-e-diketonatos em diferentes alcóxidos são relatados na literatura. O trabalho mostra que a forma enólica dos β-diketonatos é estabilizada pela ligação ao metal, resultando em complexos bidentados que são estáveis e menos sensíveis à água [113-116]. O acetilacetonato é um forte agente complexante [110-112] que é utilizado para vários alcóxidos metálicos, tais como: $Al(s\text{-}OBu)_3$ [115],$W(OEt)_6$ [118], $Zr(i\text{-}OPr)_4$[115], $Ti(i\text{-}Opr)_4$ [119] e $Ti(n\text{-}OBu)_4$ [120].

I. 4. 4. e) Efeito do pH

O pH também influencia as propriedades físico-químicas da amostra preparada. Por exemplo, R. Caruso et al [121] estudaram o efeito do pH durante a preparação de pós de ZrO_2. Relataram que a solução obtida durante a hidrólise do n-propóxido de zircónio é amarelada a pH = 0,5 e esbranquiçada a pH = 5.

I. 4. 4. f) Efeito da temperatura

Um aumento da temperatura ativa os processos de hidrólise e condensação, pelo que para precursores altamente reactivos, como os alcóxidos de metais de transição (Nb, Zr, etc.), a temperatura deve ser reduzida para diminuir as taxas de hidrólise e condensação [112]. Para o $Si(OR)_4$, que não é muito reativo, a temperatura deve ser aumentada.

I. 4. 4. g) Efeito da secagem

A secagem do gel na estufa conduz a um aumento do tamanho dos cristalitos e a uma diminuição da superfície específica e de certos poros do sólido xerogel. Por outro lado, a secagem em condições de solvente supercrítico resulta num sólido "aerogel" caracterizado por uma grande porosidade, baixa densidade e boa estabilidade térmica.

1.5. Conclusão

O estudo bibliográfico apresentado neste capítulo mostrou que o tolueno é um composto orgânico volátil perigoso que tem efeitos no ser humano e no ambiente, daí a necessidade de eliminar este composto. A oxidação catalítica é uma técnica eficaz para o tratamento do tolueno. Vários catalisadores, preparados por diferentes métodos, estão a ser testados nesta reação. Os catalisadores à base de prata também têm demonstrado uma boa atividade catalítica nesta reação, pelo que o nosso trabalho envolveu a preparação (utilizando o método de impregnação) e caraterização de novos catalisadores Ag/Ce-ZrO2 e Ag/Fe-ZrO2 (contendo quantidades variáveis de Ag) para a oxidação total do tolueno. Os suportes Ce- ZrO2 e Fe-ZrO2 foram preparados pelo método sol-gel com diferentes teores de Ce e Fe.

1. 6. Referências

1. Z. Qu, Y. Bu, Y. Qin, Y. Wang, Q. Fu, *A reatividade melhorada de catalisadores de manganês por Ag na oxidação catalítica de tolueno,* Appi. Catal. B: Environ. 132- 133 **(2013)** 353- 362.

2. S. Todorova, A. Naydenov, H. Kolev, J.P. Holgado, G. Ivanov, G. Kadinov, A. Caballero, *Mecanismo de oxidação completa de n-hexano em catalisadores de cobalto e manganês suportados em sílica*, Applied Catalysis A: General 413- 414 **(2012)** 43- 51

3. M. S. Kamal, S. A. Razzak , M. M. Hossain, *Catalytic oxidation of volatile organic compounds (VOCs) e A review*, Atmos. Environ 140 **(2016)** 117e134

4. C. Yang, G. Miao, Y. Pi, Q. Xia, J. Wu, Z. Li, J. Xiao, *Abatement of various types of VOCs by adsorption/catalytic oxidation: A review,* Chem. Eng. J. 370 **(2019)** 11281153

5. R.E. Hayes, S. Kolaczkowski, *Introduction to Catalytic Combustion, Gordon and Breach*

Science Publisher, Amesterdão, (**1997**).

6. M.C. Alvarez-Galvan, V.A. de la Pe~naO'Shea, J.L.G. Fierro, P.L. Arias, *Alumina-supportedmanganese- and manganese-palladium oxidocatalisadores para COVs combustão*, Catal. Commun. 4 **(2003)** 223-228.

7. I.Suh, R.Zhang, L.T. Molina e M.J. Molina, *Oxidation Mechanism of Aromatic Peroxy and Bicyclic Radicals from OH-Toluene Reactions*, J. Am. Chem. Soc. 125 **(2003)** 12655-12665.

8. J. Dewulf, H. Van Langenhove, G. Wittmann, *Analysis of volatile organic compounds using gas chromoatography*, TrAC Trends Anal. Chem. 21 **(2002)** 637-646.

9. L.F. Liotta, *Catalytic oxidation of volatile organic compounds on supported noble metals,* Appi. Catal. B: Environ.100 **(2010)** 403-412.

10. S. Scirè, S. Minicò, C. Crisafulli, C. Satriano , A.Pistone, *Catalytic combustion of voltalis organic compounds on gold/ceriu oxide catalysts*, Appl. Catal. B: Environ. 40 **(2003)** 43-49.

11. R. Balzer, L. F. D. Probst, V. Drago, W. H. Schreiner e H. V. Fajardo, *Catalytic oxidation of volatile organic compounds (n-hexane, Benzene, Toluene, o-Xylene) promoted by cobalt catalysts supported on Y-Al_2O_3-CeO_2*, Braz. J. Chem. Eng. 31 **(2014)** 757-769.

12. H.L. Tidahy, S. Siffert, J.-F.Lamonier, E.A. Zhilinskaya a, A. Aboukais,Z.-Y. Yuan , A. Vantomme , B.-L. Su , X. Canet , G. De Weireld, M. Frère , T.B. N'Guyen, J.- M. Giraudon , G. Leclercq, Novos catalisadores Pd/hierárquicos macro-mesoporosos de ZrO2, TiO2 e ZrO2-TiO2 para a combustão total de COVM. Giraudon , G. Leclercq, *New Pd/hierarchical macro-mesoporous ZrO2, TiO2 and ZrO2-TiO2 catalysts for VOCs total oxidation*, Appl. Catal. A: Gen. 310 **(2006)** 61-69.

13. S. Todorova, A. Naydenov, H. Kolev, J.P. Holgado, G. Ivanov, G. Kadinov, A. Caballero, *Mecanismo de oxidação completa de n-hexano em catalisadores de cobalto e manganês suportados em sílica*, Appl.Catal.A: Gen. 413- 414 **(2012)** 43- 51.

14. T.Miki e Y. Tai, *Oxidação catalítica de tolueno sobre catalisador Fe2O3/Al2O3*, Mater. Sci. Forum, 695 **(2011)** 101-104.

15. J. Carpentier, J.F. Lamonier, S. Siffert, E.A. Zhilinskaya, A. Aboukais, *Characterisation of Mg/Al hydrotalcite with interlayer palladium complex for catalytic oxidation of toluene,* Appl. Catal.A: Gen, 234 **(2002)** 91-101.

16. J. L. Kim, L. Elfman, Y. Mi, G. Wieslander, G. Smedje, D. Norbck, *Indoor moulds, bacteria, microbial volatile organic compounds and plasticizers in schools - associations with asthma and respiratory symptoms in pupils*, Indoor Air 17 **(2007)** 153-163.

17. F.H. Sennhauser, C. Braun-Fahrlander e J. H. Wildhaber. *The burden of asthma in children*: a European perspective, Paediatr. Respir. Rev. 6 **(2005)** 2-7.

18. M. Phillips, K.Gleeson, J. Michael B Hughes, J. Greenberg, R.N Cataneo, L.Baker, W P. McVay, *Volatile organic compounds in breath as markers of lung cancer: a cross-sectional study,* **(1999)** https://doi.org/10.1016/S0140-6736(98)07552-7.

19. H. Guo, S.C. Lee, L.Y. Chan, e W.M. Li, *Risk assessment of exposure to volatile organic compounds in different indoor environments,* Environ. Res. 94 **(2004)** 57-66.

20. P. Le Cloirec, *Les composés organiques volatils (COV) dans l'environnement*, Technique et documentation Lavoisier, Paris **(1998).**

21. R. Atkinson, *Atmospheric chemistry of VOCs and NOx*, Atmos. Environ. 34 **(2000)** 2063-2101.

22. M.J.Molina, *The Role of Chlorine in Stratospheric Chemistry*, Pure and Appl.Chem. 68 **(1996)** 1749-1756.

23. *Compostos Orgânicos Voláteis da Diretiva Europeia sobre o Ozono*, outubro **(2005).**

24. J. Li, J. Zhang, Z. Lei, e B. Chen, *Revestimento de Pd-Co em Monólitos de Cordierite como Catalisadores Estruturados para Combustão Catalítica de Metano*, Combustíveis Energéticos 26 **(2012)** 443450.

25. M. Herzog, *Characterisation and control of odours and VOC in the progress industries,* ed.Vigneron, H., Chaouki - Elsevier Science B.V **(1994).**

26. Z. Jiang, J. Yu, J. Cheng, T. Xiao, M.O. Jones, Z. Hao, P.P. Edwards, *Combustão catalítica de metano sobre óxidos mistos derivados de hidrotalcitas ternárias de Co-Mg/Al,* Fuel Process. Technol. 91 **(2010)** 97-102.

27. A.C. Gluhoi, B.E. Nieuwenhuys, *Oxidação catalítica de hidrocarbonetos saturados em catalisadores multicomponentes Au/Al2O3: Efeito de vários promotores*, Catal.Today 119 **(2007)** 305-310.

28. P. Mocho, tese de doutoramento, *Adsorção de compostos orgânicos voláteis em carvão ativado. Regeneração in situ do carvão por aquecimento por indução electromagnética,* **(1994).**

29. X. Wang, R. Daniels, R. W. Baker. *Recovery of VOCs from high-volume, low -VOC-concentration air streams,* AICHE J. 47 **(2001)** 1094-1100.

30. P. L. Cloirec, *Les composés organiques volatils (COV) dans l'environnement,* Tec & doc-Lavoisier **(1998).**

31. F. Cotte. Tese de doutoramento, *Absorption in packed columns and spray towers. Aplicação no tratamento de compostos orgânicos voláteis*, **(1996).**

32. S. Cimino, S. Colonna, S. D. Rossi, M. Faticanti, L. Lisi, I. Pettiti, P. Porta, *Combustão de metano e oxidação de CO em La suportado em zircónia, óxidos de Mn e perovskite LaMnO3*, J. Catal. 205 **(2002)** 309-317.

33. G. Laugel, J. Arichi, P. Bernhardt, M. Molière, A. Kiennemann, F. Garin, B. Louis, *Preparação e caraterização de metalóxidos suportados em SBA-15 como catalisadores de combustão de metano*, Comptes Rendus Chim. 12 **(2009)** 731-739.

34. P. Forzatti, *Environmental catalysis for stationary applications (Catálise ambiental para aplicações fixas*). Catal. Today 62 **(2000)** 51-65.

35. L. A. Isupova, G.M. Alikina, O.I. Snegurenko, V. A. Sadykov, S. V. Tsybulya, *Monolith honeycomb mixed oxide catalysts for methane oxidation*, Appl. Catal. B Environ. 21 **(1999)** 171-181.

36. M.C. Alvarez-Galvan, V.A. de la Pe~naO'Shea, J.L.G. Fierro, P.L. Arias, *Catalisadores de óxido de manganês e de manganês-paládio suportados em alumina para a* combustão *de COV*, Catal.Commun. 4 **(2003)** 223-228.

37. M. F. Finol, J. Rooke, B. L. Su., M. Trentesaux, J. M. Giraudon, J. F. Lamonier, *Efeitos adicionais de Pt e Nb em titânia hierarquicamente porosa na remoção catalítica de n-butanol*, Catal. Today, 192 **(2012)** 154-159.

38. M. Idrissi, J. F. Lamonier, D. Chlala, J. M.Giraudon , M. Chaouch, Y. Miyah, F. Zerrouq, *Tratamento do tolueno presente em quantidades vestigiais no ar, na presença de catalisadores de Cu Bentonite*, J. Mater. Environ. Sci. 5 (S1) **(2014)** 2303-2308.

39. H.L. Tidahy, S. Siffert , F. Wyrwalski, J.-F. Lamonier, A. Aboukais, *Catalytic activity of copper and palladium based catalysts for toluene total oxidation*, Catal. Today, 119 **(2007)** 317-320.

40. A. Janbey, W. Clark, E. Noordally, S. Grimes, S. Tahir, *Noble metal catalysts for methane removal*, Chemosphere 52 **(2003)** 1041-1046.

41. J. Li, J. Zhang, Z. Lei, B. Chen, *Revestimento de Pd-Co em Monólitos de Cordierita como Catalisadores Estruturados para Combustão Catalítica de Metano*, Energia. Fuels 26 **(2012)** 443450.
42. K. Kohse-Höinghaus, P. Oßwald, T. A. Cooll, T. Kasper, N. Hansen, F. Qi, C. K. Westbrook, P. R. Westmoreland, *Biofuel Combustion Chemistry: From Ethanol to Biodiesel*, Angew. Chemie Int. Ed. 49 **(2010)** 3572-3597.
43. S.Sebti, H.Boukhal, N.Hanafi e S. Boulaajaj, *Catalyse de la r6action de Michael par le fluorure de potassium support6 sur le phosphate naturel*, TetrahedronLett. 40 **(1999)** 6207-6209.
44. J.F. Le Page, *Catalise de Contact: Conception, Préparation et Mise En Oeuvre Des Catalyseurs Industriels*, **(1978).**
45. T.Garcia, S. Agouram, J. F. Sanchez-Royo, R. Murillo, A. M. Mastral, A. Aranda, I.Vazquez, A. Dejoz, B. Solsona, *Deep oxidation of volatile organic compounds using ordered cobalt oxides prepared by a nanocasting route,* Appl. Catal.A: Gen. 386 **(2010)** 16-27.
46. Q. Dai, X. Wang e G. Lu, *Etude des propriétés catalytiques de mélanges oxyde/ Faujasite pour le traitement de compsés organiques volatils (COVs) : caractérisation-mobilité de l'oxygène-oxydation*, Catal. Com. 8 **(2007)** 1645-1646.
47. M. Baldi, V. S. Escribano, J. Manuel Gallardo Amores, F. Milella, G. Busca, *Characterization of manganese and iron oxides as combustion catalysts for propane and propene*, Appl. Catal. B: Environ. 17 **(1998)** L175-L182.
48. B. de Rivas, R. López-Fonseca, C. Jiménez-González, J. I. Gutiérrez-Ortiz, *Síntese, caraterização e desempenho catalítico do Co3O4 nanocristalino para a redução de COV clorados em fase gasosa*, J. Catal. 281 **(2011)** 88-97.
49. E. Finocchio, G. Busca e V. Lorenzelli, *FTIR Studies on the Selective Oxidation and Combustion of Light Hydrocarbons at Metal Oxide Surfaces*, J. Chem.Soc. Faraday Trans, 90(21) **(1994)** 3347-3356.
50. C. Hu, Q. Zhu, Z. Jiang, Y. Zhang, Y. Wang, *Preparação e mecanismo de formação de óxidos mistos mesoporosos CuO-CeO2 com excelente desempenho catalítico para a remoção de COV*, Microporous. Mesoporous Mater. 113 **(2008)** 427-434.
51. M.F.M. Zwinkels, S.G. Järäs, P.G. Menon, T.A. Griffin, Catalytic *Materials for High-Temperature Combustion,* Catal. Rev. 35 **(1993)** 319-358.
52. R. S. Monteiro, L. C. Dieguez, M. Schmal, *O papel dos precursores de Pd na oxidação do monóxido de carbono sobre catalisadores Pd/Al2O3 e Pd/CeO2/Al2O3*, Catal. Today 65 **(2001)** 77-89.
53. C. A. Lin, J. C. S.Wu, J. W. Pan e C. T. Yeh, *Caracterização de catalisadores de Pt suportados por nitreto de boro para a oxidação profunda de benzeno*, J. Catal. 210 **(2002)** 39-45.
54. J. Tsou, L. Pinard, P. Magnoux, J.L. Figueiredo, M. Guisnet, *Catalytic oxidation of volatile organic compounds (VOCs) Oxidation of o-xylene over Pt/HBEA catalysts*, Appl. Catal. B: Environ. 46 **(2003)** 371-379.
55. V. P. Santos, S. A.C. Carabineir, P. B. Tavares, M. F.R. Pereira, J. J.M. Orfao, J. L. Figueiredo, *Oxidação de CO, etanol e tolueno sobre catalisadores de metais nobres suportados em TiO2,* Appi. Catal. B: Environ. 99 **(2010)** 198-205.
56. J. Tsou, P. Magnoux, M. Guisnet, J.J.M. Orfao, J.L. Figueiredo, *Catalytic oxidation of volatile organic compounds Oxidação de metil-isobutil-cetona sobre catalisadores de*

Pt/zeólito, Appl. Catal. B: Environ. 57 **(2005)** 117-123.

57. K. Okumura, T. Kobayashi. H. Tanaka, M. Niwa, *Combustão de tolueno sobre paládio suportado em vários suportes de óxido de metal*, Appl. Catal. B: Environ. 44 **(2003)** 325331.

58. C. Gannoun, R. Delaigle, P. Eloy, D. P. Debecker, A.Ghorbel, E.M. Gaigneaux, *Materiais mesoporosos V2O5-TO2 derivados de Solgel como catalisadores para a oxidação total do clorobenzeno*, Catal. Commun. 15 **(2011)** 1-5.

59. Y. S. Hua, S. Mei, G. M. Chu, W.J. Li, Y. S. Hui, C. H. Yan, C.Y. Qiang, *Combustão Catalítica de Acetato de Etilo sobre Catalisadores de Óxido de Metal Suportado Al2O3Ce0.5Zr0.5O2*, Ata Phys. Chem. Sin. 4 **(2008)** 364-368.

60. P. Doggali, Y. Teraoka, P. Mungse, I. K. Shah, S. Rayalu, N. Labhsetwar, *Combustion of volatile organic compounds over Cu-Mn based mixed oxide type catalysts supported on mesoporous Al2O3, TiO2 and ZrO2*, J. Mol. Catal. A: Chemical 358 **(2012)** 23- 30.

61. M. Popova, Á. Szegedi, Z. Cherkezova-Zheleva, A. Dimitrovac, I. Mitov, *Oxidação de tolueno em SiO2 e SBA-15 modificados com crómio e cobre*, Appl. Catal. A: Gen. 381 **(2010)** 26-35.

62. L. Kundakovic, M. Flytzani-Stephanopoulos, *Deep oxidation of methane over zirconia supported Ag catalysts,* Appl. Catal. A: Gen. 183 **(1999)** 35-51.

63. Z. Guerra-Que, G. Torres-Torres, H. P'erez-Vidal, I. Cuauht'emoc-L'opez, A. Espinosa de losMonteros, Jorge N. Beltramini e D. M. Fr'ias-M'arquez, *nanopartículas de prata suportadas em zircónia-ceria para a oxidação catalítica do ar húmido do éter metil terc-butílico*, RSC Adv.,7 **(2017)** 3599-3610.

64. K. Shimizu, H. Kawachi, A. Satsuma, *Estudo de sítios activos e mecanismo para a oxidação de fuligem por catalisador de céria carregado com prata,* Appl. Catal. B, 96 **(2010)** 169-175.

65. G. Corro, U. Pal, E. Ayala, E. Vidal, *oxidação de fuligem de diesel sobre catalisadores de SiO2 carregados com prata,* Catal. Today, 212 **(2013)** 63-69.

66. K.Yamazaki, T. Kayama, F. Dong, H. Shinjoh, *Um estudo mecanicista sobre a oxidação de fuligem sobre o catalisador CeO2-Ag com morfologia de "bola de arroz",* J. Catal. 282 **(2011)** 289-298.

67. S. Imamura, H.i Yamada, K. Utani, *Atividade de combustão do catalisador composto Ag/CeO2*, Appl. Catal. A: Gen. 192 **(2000)** 221-226.

68. Z. Qu, F. Yu, X. Zhang, Y. Wang, J. Gao, *Efeitos de suporte na estrutura e atividade catalítica de catalisadores mesoporosos Ag / CeO2 para oxidação de CO*, Chem.Eng. J 229 **(2013)** 522-532.

69. X. Zhang, Z. Qu, F.i Yu, Y. Wang, X. Zhang, *Efeitos da atmosfera de pré-tratamento e da carga de prata na estrutura e na atividade catalítica dos catalisadores Ag/SBA-15,* J. Mol. Catal. A 370 **(2013)** 160-166.

70. Q. Ye, J. Zhao, F. Huo, J. Wang, S. Cheng, T. Kang, H. Dai, Q.Ye, J. Zhao, F.Huo, J. Wang, S. Cheng, T. Kang, H. Dai, *Nanosized Ag/a-MnO_2 catalysts highly active for the low-temperature oxidation of carbon monoxide and benzene*, Catal.Today 175 (**2011)** 603- 609.

71. M. Skaf, tese de doutoramento, *Comparaison physicochimique et des activités catalytiques dans les réactions d'oxydation entre deux series de catalyseurs Ag/CeO2 préparés par impégnation et dépôt-précipitation* **(2013),** Université du Littoral cote d'opale e Universidade de Balamand, França , Dubai.

72. T. Barakat, tese de doutoramento, *Oxidação de COVs na presença de catalisadores de Au e/ou Pd depositados em TiO2 nanoestruturado dopado* (**2012**).

73. A. Aranzabal, J.L. Ayastuy-Arizti, J.A. González-Marcos, e J.R. González-Velasco, *A via de reação e o mecanismo cinético da oxidação catalítica do TCE gasoso magro em catalisadores de Pd/alumina*, J. Catal. 214 **(2003)** 130-135.
74. G. Veser, M. Ziauddin , L. D. Schmidt, *Ignition in alkane oxidation on noble-metal catalysts*, Catal. Today 47 **(1999)** 219-228.
75. P. Mars, D.W.Van Krevelen, *Oxidações efectuadas por meio de catalisadores de óxido de vanádio*, Chem. Eng. Sci 3 **(1954)** 41-59.
76. C. Doornkamp, V. Ponec, *O carácter universal do mecanismo de Mars e Van Krevelen*, J. Mol. Catal. A: Chem, 162 **(2000)** 19-32.
77. A. Biabani-Ravandi, M. Rezaei, Z. Fattah, *Desempenho catalítico de Ag/Fe2O3 para a oxidação a baixa temperatura de monóxido de carbono,* Chem. Eng. J. 219 **(2013)** 124-130.
78. M. Popova, A. Szegedi, Z. Cherkezova-Zheleva, A. Dimitrova, I. Mitov, *Oxidação de tolueno em SiO2 e SBA-15 modificados com crómio e cobre*, Appl. Catal. A: Gen. 381 **(2010)** 26-35.
79. P. Papaefthimiou, T. Ioannides, X. E. Verykios, *Remoção de COV: investigação da oxidação de etilacetato sobre catalisadores de Pt suportados.* Catal. Today, 54 **(1999)** 81-92.
80. K. Okumura, T. Kobayashi. H. Tanaka, M. Niwa, *Combustão de tolueno sobre paládio suportado em vários suportes de óxidos metálicos*, Appl. Catal. B: Environ 44 **(2003)** 325-31.
81. C. Lamonier, J.F. Lamonier, B. Aellach, A. Ezzamarty, J. Leglise, *Sintonização específica de sítios ácido/base em materiais de apatite para melhorar os seus desempenhos catalíticos de tiolação de metanol*, Catal. Today 164 **(2011)**124-30.
82. M. F. Finol J. Q. Torres, J. M. Giraudon, A. Gervasini, J.F. Lamonier, *Formaldehyde oxidation over hydroxyapatites: influence of the acid base properties*, Europa. Cat X, Glasgow (Escócia) **(2011).**
83. INRS, Fiche toxicologique n°74 *"Toluène"*, edição **de 2004**.
84. INERIS, *Données technico-économiques sur les substances chimiques en France* : toluène, 43 p. (http://rsde.ineris.fr/ ou http://www.ineris.fr/substances/fr/ **(2011).**
85. INRS, Fiche toxicologique n°74 "Toluène", edição (**2012**).
86. A. Picot e F. Montandon, , *Ecotoxicochemistry applied to hydrocarbons*, capítulo **(2013).**
87. H. J. Kim, S. W. Choi e H. I. I Nyang, *oxidação catalítica de toueno em sistemas de controlo de emissões de contaminantes utilizandoMn-Ce/ γ-A12$_{O(3)}$,* Environ. Technol 29 **(2008)** 559-569.
88. S.C. Kim, W. G. Shim, *Combustão catalítica de COVs sobre uma série de catalisadores de óxido de manganês*, Appl. Catal. B: Environ. 98 **(2010)** 180-185.
89. K. Jiratova, J. Mikulova, J. Klempa, T. Grygar, Z. Bastl, F. Kovanda, *Modificação do óxido misto Co-Mn-Al com potássio e seu efeito na oxidação profunda de COV*, Appl. Catal.A: Gen. 361 **(2009)** 106-116.
90. M. Hosseini, T. Barakat, R. Cousin, A. Aboukais, B.-L. Su, G. De Weireld, S. Siffert, *Desempenho catalítico de nanopartículas de Pd-Au com núcleo e liga para a oxidação total de COV: O efeito da deposição de metal*, Appl. Catal. B 111 **(2012)** 218-224.
91. M. Hosseini, S. Siffert, H.L. Tidahy, R. Cousin, J.-F.Lamonier, A. Aboukais, A. Vantomme, M. Roussel, B.-L. Su, *Efeito promocional do ouro adicionado ao paládio suportado num novo TiO2 mesoporoso para a oxidação total de compostos orgânicos voláteis,* Catal. Today 122 **(2007)** 391-396.
92. J. G. Guo, Z. Li, H. X. Xi, C. He, B. G. Wang, J. Chem. Eng. of Chinese Universities, 19 **(2005)** 776-780.

93. X. Liang , F. Qi , P. Liu, G. Wei , X. Su, L. Ma, H. He, X. Lin, Y. Xi, J. Zhu, R. Zhu, Desempenho de catalisadores de Fe suportados por montmorilonita com pilares de Ti para oxidação de tolueno: O efeito do Fe na atividade catalítica, Appl .Clay. Sci. **(2016).** http://dx.doi.org/10.1016/j.clay.2016.05.022.

94. M. Xue, J. Ge, H. Zhang, J. Shen**,** *Surface acidic and redox properties of V-Ag-Ni-O catalysts for the selective oxidation of toluene to benzaldehyde*, Appl. Catal.A: Gen *330* **(2007)** 117-126.

95. H. Ge, G. Chen, Q. Yuan, H. Li, *oxidação parcial em fase gasosa de tolueno sobre catalisadores V2O5/TiO2 modificados num microrreator,* Chem. Eng. J. 127 **(2007)** 39-46.

96. Z. Qu, Y. Bu, Y. Qin, Y. Wang, Q. Fu, *A reatividade melhorada de catalisadores de manganês por Ag na oxidação catalítica de tolueno*, Appl. Catal. B: Ambiental 132133 **(2013)** 353- 362.

97. J. Li, Z. Qu, Y. Qin, H. Wang, *Efeito da morfologia do MnO2 na oxidação catalítica do tolueno sobre Ag/MnO2 catalisadores*, **(2016).** http://dx.doi.org/doi:10.1016/j.apsusc.2016.05.114.

98. X.D. Zhang, L. Song, F. Bi, D.F. Zhang, Y. X. Wang, L.F. Cui, *oxidação catalítica de tolueno usando uma nanopartícula de Ag sintetizada facilmente suportada no derivado UiO-66*, J Colloid Interf Sci. 571 **(2020)** 38-47.

99. M. Lu, W. Yang, C. Yu, Q. Liu, D. Ye, *Oxidação catalítica por plasma de tolueno em Ag ModifiedFeOx/SBA-15,* Aerosol Air Qual Res 20 **(2020)** 193- 202.

100.Y. Qin, Z. Qu, C. Dong, N. Huang, *Efeito das condições de pré-tratamento na atividade catalítica do catalisador Ag/SBA-15 para a oxidação do tolueno*. Chinese J Catal, 38 **(2017)** 1603-1612.

101.J. Bedia, J.M. Rosas, J. Rodríguez-Mirasol , T. Cordero, *Pd suportado em carvões activados mesoporosos com elevada resistência à oxidação como catalisadores para a oxidação do tolueno*, Appl.Catal. B: Environ 94 **(2010)** 8-18.

102.S.Velu, N.Shah, T.M. Jyothi, S.Sivasanker, *Efeito da substituição do manganês nas propriedades físico-químicas e nas actividades catalíticas de oxidação do tolueno dos hidróxidos duplos em camadas de Mg-Al*, Micropor.Mesopor. Mat 33 **(1999)** 61-75.

103.S. Scirè ,S. Minicò, C. Crisafulli, C. Satriano, A. Pistone, *Catalytic combustion of volatile organic compounds on gold/cerium oxide catalysts*, Appl. Catal. B: Environ 40 **(2003)** 43-49.

104.J. Deng, S. He, S. Xie, H. Yang, Y. Liu, G. Guo, H. Dai, *Ultralow Loading of Silver Nanoparticles on Mn2O3 Nanowires Derived with Molten Salts: A HighEfficiency Catalyst for the Oxidative Removal of Toluene*, Environ. Sci. Technol. 49 **(2015)** 11089-11095.

105.S.C. Kim, e J. Y. Ryu, *Propriedades e desempenho de catalisadores à base de prata na oxidação catalítica do tolueno,* .Technol. 32 **(2011)** 561-568.

106.D.Yu, Y. Liu , Z. Wu, *Oxidação catalítica a baixa temperatura do tolueno sobre MnOx-CeO2/TiO2 mesoporoso preparado pelo método sol-gel,* Catal.Commun. 11 **(2010)** 788-791.

107.Z. Abbasi , M. Haghighi , E. Fatehifar , N. Rahemi, *Síntese comparativa e caraterização físico-química de nanopós de CeO2 através de reação redox, métodos de precipitação e sol-gel utilizados para a oxidação total de tolueno,* Asia-Pac. J. Chem. Eng. 7 **(2012)** 868-876.

108.S. Ivanova, tese de doutoramento, *Formação de nanopartículas de ouro suportadas: da preparação à reatividade catalítica*, **(2004)** Université Louis Pasteur de Strasbourg, França.

109.B. Tapin, tese de doutoramento, **(2012)** Universidade de Poitiers, França.

110.C. VIAZZI, tese de doutoramento, *Elaboração pelo processo sol-gel de Revestimentos de zircónio ítrio sobre substratos metálicos para aplicações de barreira térmica*, **(2007)**, Université Toulouse III-Paul Sabatier UFR PCA.

111.J. Livage, M. Henry e C. Sanchez, *Sol-gel chemistry of transition metaloxides*, Prog . Solid. Chem, 18 **(1988)** 259-341.

112.C. Sanchez, J. Livage, M. Henry e F. Babonneau, *Chemical modification of alkoxide precursors,* J. Non-Cryst. Solids, 100 **(1988)** 65-76.

113.D. C . Bradley, R.C. Mehrotra, D. P. Gaur, *Metal Alkoxides*, Angew. Chem. 92 **(1978)** 975-975.

114.R.C.Mehrotra, *Síntese e reacções de alcóxidos metálicos*, J. Non-cryst.Sollids 100 **(1988)** 1-15.

115.J. C. Debsikdar,*Thermal evolution of alkoxy-dertved "glass-like" transparent zirconia gel,* J.Non-Cryst. Solids 87 **(1986)** 343-349.

116.R. Nass e H. Schmidt, *Synthesis of an alumina coating from chelated aluminiumalkoxides*, I. Non-Cryst. Solids 121 **(1990)** 329-333.

117.F. Babonneau, L. Coury, J. Livage, *Aluminuim sec-butóxido modificado com etilacetocetato,: Um precursor atrativo para a síntese sol-gel de cerâmicas*, J. NonCrystal. Solids, 121 **(1990)** 153-157.

118.H. Unama e T. Tokoka, *Preparação de películas finas de trióxido de tungsténio amorfo transparente por um método de revestimento por imersão*, J. Mater. Sci. Lett. 5 **(1986)** 1248-1250.

119.J. D. Mackenzie, *Applications of the sol-gel process*, J. Non-Cryst. Solids, 100 **(1988)** 162-168.

120.E. Emeli, L. Incoccia e S. Mobilio, *Simple Alkoxide Based precursor* system, J. Non-Cryst. Solids 74 **(1985)** 3-28.

121.R. Caruso, Oscar de Sanctis, A. Macias-Garcia, E. Benavidez, S. R. Mintzer, *Influência do valor do pH e do solvente utilizado na síntese sol-gel nas propriedades dos pós de ZrO2 derivados,* Mater. Process. Technol, 152 **(2004)** 299-303.

Técnicas experimentais e matérias-primas

II.1 Introdução

Neste capítulo são apresentadas as técnicas de caraterização (fisissorção de azoto a 77 K, difração de raios X (DRX), dessorção de oxigénio programada pela temperatura (DTP-O2) e de amoníaco (DTP-NH3), espetroscopia XPS, redução de hidrogénio programada pela temperatura (RTP-H2) e espetroscopia UV-Visível, a montagem da reação de oxidação do tolueno (C_7H_8), os produtos e os equipamentos utilizados.

II.2 Materiais e produtos utilizados

O equipamento e os produtos utilizados são apresentados nos quadros 9, 10 e 11.

II.2.1 Produtos químicos

Tabela 9. Produtos utilizados na preparação das amostras.

Produto químico	*Origem*	*Pureza (%)*
Butóxido de zircónioZr(OC4H₉)₄	Aldrich	80
Etanol absoluto (C2HO)	Aldrich	99,80
Etanol 96%(C2H₆O)	Aldrich	96,00
Ácido nítrico (HNO3)	CDMChemicals Desenvolvimento e fabrico	65,00
Acetoacetato de etilo (C6H10O3)	Fluka	> 99,00
Nitrato de prata (AgNO3)	Aldrich	> 99,99
Nitrato de cério (III) hexa-hidratado (CeN3O₉ 6H2O)	Aldrich	-
Nitrato de ferro (III) (Fe(NO₃)₃, 6H₂O)	Aldrich	>99,95

Tabela 10. Produto utilizado no ensaio catalítico.

Produto químico	*Origem*	*Pureza (%)*
Tolueno (C7H8)	Aldrich	anidro, 99,8

Tabela 11. Gases utilizados no ensaio catalítico.

Tipo de gás	*Origem*	*Pureza (%)*	*Utilização*
O2	Air Liquide	99	Calcinação
20% O2	Air Liquide	>99,99	Oxidação C7H₈
H2/Ar (5/95, Vol/Vol)	Air Liquide	99,99	RTP-H2
Ele	Air Liquide	99,99	Teste DTP+
O2/H (10/90, Vol/Vol)	Air Liquide	99,95	DTP-O2 +Teste
NH3/H (5/95, Vol/Vol)	Air Liquide	99,95	DTP-NH3

II.2.2 Secagem e calcinação dos sólidos preparados

Os suportes do catalisador ZrO2, yCe-ZrO2 e y Fe-ZrO2 são secos em condições de solvente supercrítico utilizando um autoclave Prolabo com paredes de aço inoxidável, com um volume de 1 L e que pode funcionar até 350°C a uma pressão de 340 bar (Figura 2). A secagem é efectuada do seguinte modo: dois copos de vidro Pyrex, o primeiro contendo o gel é imerso no segundo contendo o etanol e colocado no autoclave, selado com uma junta metálica prateada fixada por seis parafusos, e aquecido num forno tubular controlado por termóstato. A temperatura supercrítica do solvente é regulada pelo programador de temperatura. O aquecimento provoca um aumento da pressão. O sistema é mantido invariável durante 15 minutos em condições hipercríticas, depois o solvente é removido por uma válvula de agulha para baixar novamente a pressão atmosférica.

Figura 2. Autoclave Prolabo.

As amostras foram colocadas num reator de quartzo e calcinadas a 550°C durante três horas sob uma corrente de oxigénio (30 $cm^3.min^{-1}$), sendo a subida de temperatura de 1°C. min^{-}. A configuração da calcinação é mostrada na Figura 3 B.

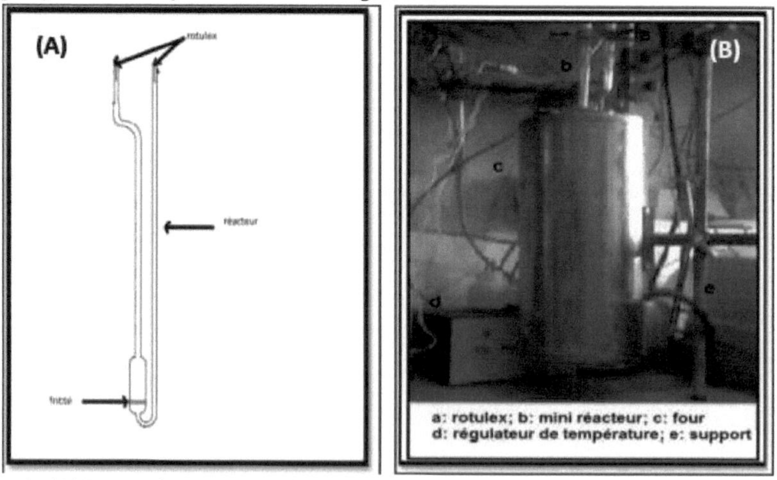

Figura 3: (A) Reator de quartzo e (B) Instalação de calcinação.

II.3 Técnicas de caraterização das amostras

II.3.1. Fisissorção do azoto a -196°C

11. 3. 1.1. Princípio do método

Esta técnica é utilizada para estudar a superfície específica e a dimensão dos poros dos sólidos. Trata-se de determinar uma isotérmica que relaciona, à temperatura de liquefação do azoto (-196°C), a quantidade de azoto adsorvida em equilíbrio na superfície de um sólido já desgaseificado, com a pressão P do azoto em fase gasosa. A quantidade de N2 adsorvida é representada em função da pressão relativa P/P° (P° é a pressão de saturação do azoto a -196°C).

O volume de azoto medido quando P/P° é aumentado ou diminuído dá origem às isotérmicas de adsorção e dessorção, que são de três tipos de acordo com a classificação IUPAC [1] (Figura 4).

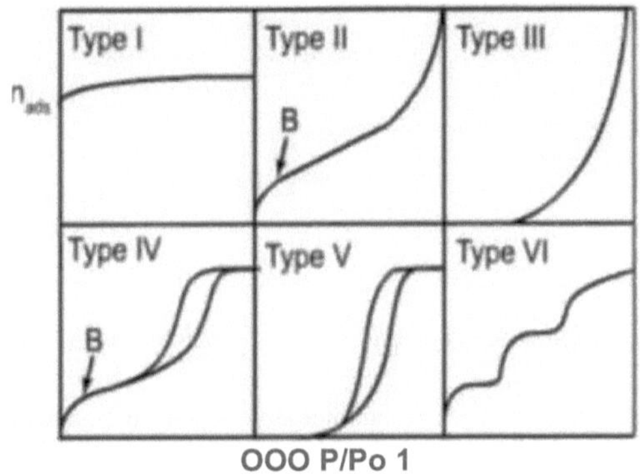

Figura 4. Os diferentes tipos de isotérmicas de adsorção-dessorção de N2 [2].

- A isotérmica do tipo (I) corresponde a sólidos microporosos (diâmetro dos poros inferior a 20 Â) ou não porosos.
- As isotérmicas do tipo (II) e (III) correspondem a sólidos macroporosos (diâmetro dos poros superior a 500 Á). A isotérmica III é raramente observada e corresponde a uma entalpia de adsorção muito baixa.
- As isotérmicas do tipo IV) e V) caracterizam os sólidos mesoporosos (diâmetro entre 20 e 500 Á). Tal como a isotérmica III, a isotérmica V é rara.
- *As isotérmicas de caminhada (tipo VI)* são raras e são obtidas para compostos com superfícies bem definidas, como o negro de fumo de grafite.

O tipo de histerese que aparece nas isotérmicas de adsorção-dessorção de N2 fornece informações sobre a forma dos poros. Os tipos de histerese IUPAC são apresentados na Figura 5.

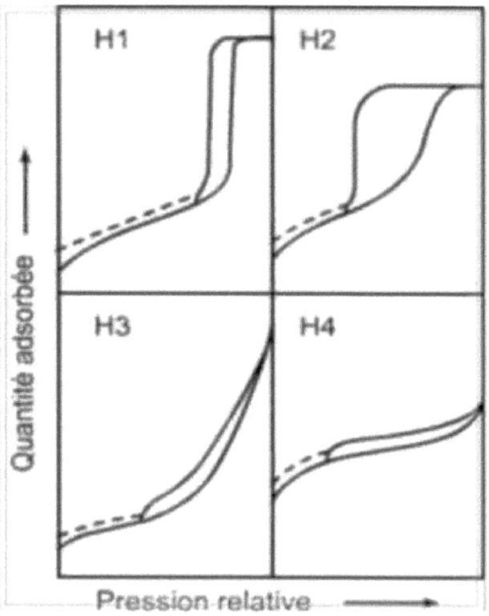

Figura 5. Os diferentes tipos de histerese [3].

- *O laço de histerese do tipo H1* é frequentemente obtido e descreve poros cilíndricos de secção transversal constante.
- *O laço de histerese do tipo H2* corresponde à porosidade intergranular obtida quando a distribuição dos poros não é bem definida.
- *O laço de histerese do tipo H3* é obtido para agregados de partículas em forma de folhas e poros em forma de fendas.
- *O laço de histerese do tipo H4* corresponde a sólidos com poros em forma de ranhuras estreitas.

11. 3. 1.2. Determinação da superfície específica

Os vários métodos que utilizam a adsorção física de N2 a baixa temperatura (perto da sua temperatura de liquefação -196°C) baseiam-se na teoria de Brunauer, Emmet e Teller (BET) [3], que se baseia na adsorção multimolecular. A equação do modelo BET é dada pela seguinte relação:

$$\frac{P}{V(P0-P)} = \frac{1}{Vm \times C} + \frac{C-1}{Vm \times C} \times \frac{P}{P0}$$

- P: Pressão de equilíbrio.
- P0: Pressão do vapor de saturação.
- V: Volume de gás adsorvido à pressão de equilíbrio.
- Vm: Volume de gás adsorvido correspondente a uma monocamada.
- P/P0: Pressão relativa.
- C: Constante BET relacionada com o calor de adsorção.

$$C = \exp{(Ea - El)} / RT$$

Ea: Calor de adsorção da primeira camada [$kJ.mol^{-1}$].

El: Calor de liquefação ($kJ.mol^{-1}$).

R: Constante dos gases perfeitos [$kJ.mol^{-1}$].

T: Temperatura (K).

Esta equação de BET aplica-se para valores de P/P0 entre 0,05 e 0,35. Traçando os valores de P/V (P0 - P) em função de P/P0, obtém-se uma reta cujo declive e cuja intersecção y permitem determinar o volume da monocamada Vm, que corresponde à quantidade de gás necessária para cobrir a superfície de uma camada monomolecular.

$$\mathbf{Vm = 1/(a+b)}$$

Onde: a: declive da reta P/V (P0 -P) = f (P/P0) e b: intersecção y.

A superfície específica (SBET) é obtida através da seguinte fórmula

$$S_{BET}\,(m^2.g^{-1}) = \frac{\sigma.Vm.N}{V0}$$

Com:

= Vm Volume de gás adsorvido correspondente a uma monocamada.

= N Número de Avogadro [6,023 10^{23} mol^{-1}].

= σ Área de superfície ocupada por uma molécula de gás, ou seja, $16.2.10^{-20}$ m^2 para uma molécula de azoto

= V0 Volume ocupado por uma mole de gás (22414 $cm^3.mol^{-1}$)

Assim :

$$S_{BET} = 4{,}35\ Vm$$

II. 3. 1.3. Determinação da distribuição dos poros

O método de Barrett, Joyner e Halenda [4] (B.J.H) baseia-se numa análise passo a passo do ramo de dessorção de N2, a partir da pressão relativa mais elevada atingida. São definidos intervalos de pressão relativa e assume-se que, em cada ponto, o gás dessorvido provém da dessorção do gás numa determinada gama de tamanhos de poros rk (quanto mais pequenos, menor é a pressão) e de uma redução da espessura (dt) da película adsorvida nas paredes dos poros maiores previamente esvaziados do seu gás condensado.

O método B. J. H. baseia-se na lei empírica de Kelvin da seguinte forma :

$$\mathbf{Ln\,(P/P0) = -\,2.\,\gamma\,.Vm\,/\,R.T.rk}$$

Com :

γ: Tensão superficial do líquido condensado.

Vm: Volume molar do líquido condensado.

rk: Raio dos poros (Á).

Os raios dos poros são determinados pela seguinte fórmula:

$$r_k = -K / Ln\,(P/P_0)$$

Com :

K é uma constante igual a 4,10 quando o adsorvente é o azoto.

Neste ramo da curva, podemos determinar dois volumes V1 e V2 muito próximos, bem como as duas pressões relativas correspondentes $(P/P0)_1$ e $(P/P0)_2$ e, portanto, dois raios de poro r1 e r2, o que nos permite traçar a curva dV/drp = f (rp).

11. 3. 1.4. Determinação dos volumes porosos e microporosos

O volume total de poros da amostra corresponde ao volume de gás adsorvido à pressão relativa P/P0 = 0,95.

O volume microporoso é determinado pelo método t-plot de De Boer [5], que consiste em comparar as isotérmicas de adsorção de azoto obtidas em sólidos porosos com a isotérmica padrão determinada em sólidos não porosos, que representa uma linha reta. Assim, traçando o valor do volume adsorvido V em função da espessura t da camada, determinada multiplicando a espessura de uma monocamada por V/Vm, obtém-se uma isotérmica que tem uma parte linear paralela à isotérmica padrão. A extrapolação desta reta permite obter diretamente o volume microporoso.

12. 3.1.5 Equipamento e preparação da amostra

A análise por fisissorção de azoto a -196°C foi efectuada com um instrumento automatizado Micrometrics ASAP 2020 (figura 6). Este aparelho dispõe de dois compartimentos: um compartimento à esquerda para a desgaseificação da amostra e um compartimento à direita para a realização da análise. O dispositivo experimental está equipado com um sistema de válvulas que permite ligar os dois compartimentos.

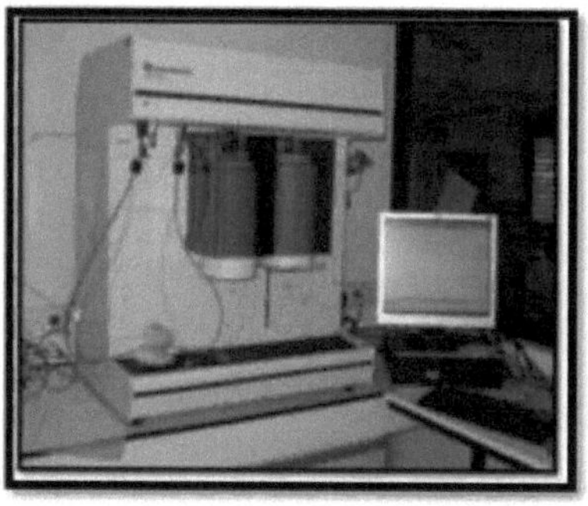

Figura 6. Diagrama do instrumento Micrometrics ASAP 2020.

Antes da análise por fisissorção de N_2, a amostra (50 mg) foi desgaseificada a 250°C durante 5 h.

II. 3.2. Difração de raios X

II. 3.2.1 Princípio do método XRD

Este método de análise, descoberto por Max Von Laue (Prémio Nobel em 1914) e amplamente estudado por Sir William Henry Bragg e seu filho Sir William Lawrence Bragg (Prémio Nobel conjunto em 1915), permite estudar a cristalinidade dos sólidos.

A DRX consiste na aplicação de radiação de raios X de comprimento de onda (0,1 nm $< \lambda <$ 10 nm) a uma amostra. A radiação penetra no sólido, absorvendo parte da energia e excitando os átomos, emitindo radiação em todas as direcções. A radiação emitida por planos atómicos que estão em fase gera um feixe coerente que pode ser detectado [6] .

A lei de Bragg é a seguinte:

$$2\, d \sin \Theta = n\, \lambda$$

Com:

d = Distância inter-reticular (em Â).

θ = Ângulo de difração (graus).

n = ordem de difração.

λ = comprimento de onda dos raios X.

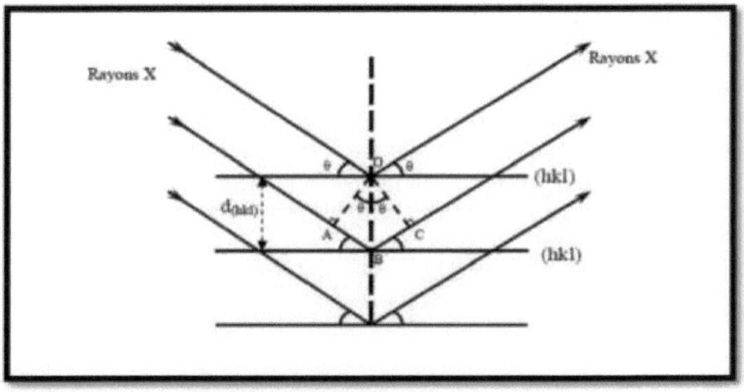

Figura 7. Diagrama explicativo da lei de Bragg.

11. 3. 2.2. Equipamento e preparação das amostras

As análises XRD foram efectuadas à temperatura ambiente num difratómetro BRÜKER D8 Advance (Figura 8). Este difratómetro é automatizado e está equipado com um anti-cátodo de cobre (λ= 1,54184 Â). A amostra a analisar é colocada em pó sobre um suporte plano. As condições gerais de aquisição correspondem a uma gama angular em 2θ de 15 a 70°, com um passo de medição de 0,02° e um tempo de integração de 2 s.

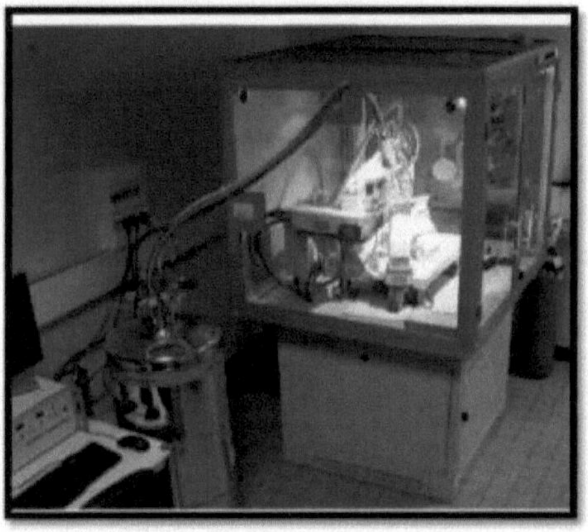

Figura 8. Brüker AXS D8.

12. 3.3. Espectroscopia UV-visível

13. 3.3.1 Princípio do método

A absorção de luz nas gamas do ultravioleta e do visível faz com que os electrões de valência saltem entre as várias orbitais moleculares, fornecendo informações sobre a estrutura eletrónica [7].

Existem diferentes tipos de transições electrónicas:

- transições d-d (para iões de metais de transição).
- Transições Π-Π* (para moléculas orgânicas)
- Transferência de carga (transferência de electrões para uma orbital desocupada)

Medição de diferentes transições electrónicas na transmissão, no caso dos líquidos, e na reflexão difusa, no caso dos sólidos (DRUV-Vis).

II. 3. 3.2. Condições e equipamentos de análise

Para a análise UV-vis por reflexão difusa, foi utilizado um espetrómetro Perkin Elmer modelo lambda 40 UV Visible (figura 9). Os espectros foram registados em modo de reflexão na gama de comprimentos de onda de 200-800 nm. O sólido a analisar é acondicionado num suporte de amostras com uma janela de espectrólise. A referência utilizada é o $BaSO_4$.

Figura 9. Espectrómetro UV-vis PERKIN ELMER LAMBDA 40.

II.3.4. Espectroscopia de fotoelectrões de raios X (XPS)

II.3.4.1. Princípio do método

A espetroscopia de fotoelectrões de raios X (XPS) é uma técnica de caraterização não destrutiva baseada no efeito fotoelétrico, um dos processos pelos quais os fotões interagem com os electrões atómicos [8].

A medição XPS é particularmente adequada para caraterizar todos os elementos químicos (exceto o hidrogénio e o hélio) presentes na superfície de um material. Isto deve-se ao facto de enviar radiação (hv) cuja energia pode extrair electrões ocos (e não electrões de valência) dos átomos da superfície do material. A amostra a analisar é bombardeada com radiação electromagnética de energia hv na gama dos raios X (1 a 2 keV). Os fotões absorvidos pelos átomos dão origem a uma emissão de electrões, denominados fotoelectrões. Estes fotoelectrões provêm dos níveis de energia atómica dos diferentes elementos e são analisados em termos de número e de energia por um detetor adequado.

A espetroscopia de fotoelectrões de raios X baseia-se no princípio da conservação da energia do fotão incidente e é expressa da seguinte forma

$$h\nu = E_c + E_L + \varphi_{ech}$$

Onde *hv*: Energia de um fotão (em J)

h: Constante de Planck (em J.s) (~6,626 0 755x10-34)

v: Frequência de radiação (em s^{-1})

EL: Energia de ligação (em J)

E_c*:* Energia cinética eletrónica (em J)

ϕeeй: o trabalho de saída da amostra.

O trabalho de saída do espetrómetro (ϕeeй), bem como a energia do fotão incidente (hv) são parâmetros conhecidos da configuração experimental.

= Seja *Ec hv - Ei,* Ei = Ef - Ei onde Ei e Ef são as energias totais do sistema nos estados de fotoemissão inicial (N electrões) e final (N-1 electrões).

> Esta técnica permite aceder a informações sobre :

- A composição química e a concentração relativa dos vários constituintes da amostra nas primeiras camadas superficiais (5-50 Â).
- O ambiente químico dos diferentes elementos (distinção entre um metal e os seus óxidos).
- A estrutura eletrónica e o estado de oxidação dos átomos.

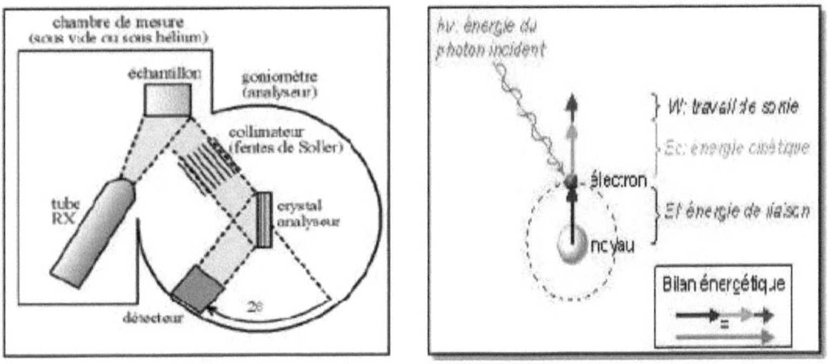

Figura 10. Princípio e funcionamento da espetroscopia de fotoelectrões de raios X.

1.1.1.2. Equipamento e preparação de amostras

O aparelho de XPS é constituído por uma fonte de raios X, uma câmara de irradiação, um canhão de iões, um neutralizador de cargas, bombas, um analisador de electrões e um detetor. A amostra, em pó e cuja superfície deve ser mantida livre de contaminação, é colocada num suporte e introduzida numa primeira câmara (denominada câmara de entrada, que é evacuada a pressões inferiores a 10-7 mbar por meio de uma bomba secundária). Uma vez atingido este vácuo, a amostra é transferida para a câmara de análise para a análise XPS, que dura em média entre uma e quatro horas. Os espectros obtidos são processados por computador.

Os espectros de fotoelectrões de raios X foram produzidos utilizando um espetrómetro automatizado ESCALAB 250. A fonte é constituída por um ânodo de alumínio que emite raios X monocromáticos (Ka = 1486,6 eV).

1.1.1.3. 5. Redução da temperatura programada pelo hidrogénio (RTP-H2)

1.1.1.4. . Princípio do método

Esta técnica de caraterização de catalisadores baseia-se na determinação do consumo de hidrogénio por redução em função da temperatura. Isto permite determinar a temperatura de redução das espécies presentes nos materiais analisados e obter outras informações como a estabilidade e a quantidade destas espécies.

1.1.1.5. Equipamento e preparação de amostras

O aparelho utilizado para estudar a redutibilidade dos materiais é um Micromeritics Auto Chem 2910 (figura 11). O aparelho é composto por um detetor de condutividade térmica (utilizado para detetar e quantificar a quantidade de hidrogénio), um sistema de gás constituído por medidores de caudal mássico e várias válvulas de três e seis vias (utilizadas para controlar com precisão o fluxo e a circulação do fluxo de gás), uma estufa equipada com um termopar (para regular a subida de temperatura da amostra), um saturador equipado com uma manta de aquecimento, um coletor de água (para proteger o detetor da água formada durante a redução) e uma estação zero (para calibrar o consumo de oxigénio ou de hidrogénio).

A análise do RTP-H2 foi efectuada de acordo com o procedimento descrito na referência [9]. A amostra de 80 mg foi inicialmente pré-tratada in situ a 550°C sob um fluxo de 5 vol % $_{O2/He}$ (30 cm^3/min) durante 30 min, depois levada de volta a 50°C e purgada sob He (30 cm^3/min) antes de ser submetida a uma subida de temperatura programada de 50°C para 800°C (10°C/min) sob uma mistura de gases redutores (5% $_{H2/Ar}$) a um caudal de 30 cm^3/min.

Figura 11. Diagrama do Auto Chem 2910.

11.3.6. Dessorção programada por temperatura com amoníaco (DTP-NH3)

11.3.6.1. Princípio do método

Este método baseia-se na termodessorção a uma temperatura crescente de NH3 pré-adsorvido num sólido, o que permite avaliar a acidez total e fornece informações sobre a força e a distribuição dos sítios ácidos.

11.3.6.2. Aparelhos e preparação de amostras

O instrumento utilizado para estudar a dessorção de NH3 é um Micromeritics Auto Chem 2910 (figura 11).

O procedimento utilizado para a análise do DTP-NH3 é semelhante ao referido na referência [9]. A amostra de 80 mg foi pré-tratada em ar (30 mL/min) durante 2 h a 550°C a uma taxa de 10°C/min. Foi então arrefecida a 100°C sob fluxo de ar e a adsorção de NH3 (5% $_{NH3/He}$) foi efectuada a esta temperatura durante 30 min a uma taxa de fluxo de 30 cm^3/min. Após a evacuação do amoníaco fisicamente absorvido, efectuada sob um fluxo de hélio (30 cm^3/min) durante 30 minutos, a dessorção de NH3 é efectuada aquecendo a amostra de 100°C a 550°C (10°C/min) sob um fluxo de hélio (30 cm^3/min).

11.3.7. Dessorção com oxigénio programada por temperatura (DTP-O2)

11.3.7.1. Princípio do método

Este método baseia-se na termodessorção, a uma temperatura crescente, de O2 pré-adsorvido num sólido, o que permite estudar as interações entre o metal e o oxigénio e fornece informações sobre a natureza das espécies de oxigénio adsorvidas.

11.3.7.2. Aparelhos e preparação de amostras

O instrumento utilizado para estudar a dessorção de O2 é um Micromeritics Auto Chem 2910 (figura 11).

A amostra (massa 80 mg) é submetida ao mesmo pré-tratamento descrito para o DTP-NH3. Em seguida, foi arrefecida a 80°C numa corrente de ar (5% O2/He) a um caudal de 15 cm^3/min, sendo depois purgada numa corrente de hélio (15 cm^3/min) durante 17 min. Finalmente, o O2 foi dessorvido por aquecimento da amostra de 80°C a 550°C (10°C/min).

II.4. Ensaio de oxidação catalítica do tolueno (C6H5-CH3)

11.4.1. Aparelhos e preparação de amostras

O ensaio catalítico é efectuado à pressão atmosférica num reator de quartzo que contém a amostra e está ligado a um saturador de vidro que contém o tolueno. A instalação de ensaio é inteiramente feita de aço inoxidável e está ilustrada na Figura 12.

Antes de cada reação, uma massa de 20 mg de catalisador, previamente calcinada a 550°C sob O2, foi activada sob um fluxo de oxigénio (10% O2/He) durante 1h a 200°C. O catalisador é então varrido com uma mistura gasosa constituída por tolueno, O2, He (com [tolueno]= 1000 ppm) e H2O (3,4%). O hélio é utilizado como gás de equilíbrio. A oxidação do tolueno foi estudada numa gama de temperaturas de 200°C a 550°C. A temperatura foi programada para aumentar a uma taxa de 6°C/min utilizando um controlador de temperatura que controlava a temperatura no catalisador através de um termopar colocado no interior do reator.

Figura 12. Preparação para a oxidação do tolueno.

11.4.2. Identificação de reagentes e produtos: espetrometria de massa

À saída do reator, os efluentes gasosos foram analisados com um espetrómetro de massa (MS) Pfeiffer Omnistar. A evolução da intensidade da corrente iónica para diferentes valores de m/e, correspondentes aos fragmentos iónicos dos reagentes e produtos: tolueno (92), CO2 (44),

H_2O (18), benzeno (78), butano (44) e CO (28), foi registada durante a reação catalítica utilizando o software QUADSTAR.

11.4.3. Utilizar os resultados

$$\text{Conversão total de } (C_7H_8)\ (\%) = \frac{[\text{Toluène}]0 - [\text{Toluene}]T}{[\text{Toluène}]0} \times 100$$

Com

[Tolueno] 0: Concentração inicial de tolueno (à entrada do reator).

[Tolueno]T: concentração de tolueno a uma temperatura T (à saída do reator).

$$CO2]\ \text{concentração (ppm} = \frac{[I]t - [I]0}{[I]7000} * 7000$$

Com

[1] t: intensidade de CO_2 à temperatura t

[2] 0: Intensidade de CO_2 à entrada do reator

[3] 7000: intensidade de CO_2 a 7000

7000: concentração inicial de CO_2

É importante notar que o CO_2 é o único produto detectado em alguns catalisadores. Noutros, é obtido principalmente na presença de vestígios de benzeno e de um composto da família das parafinas C3-C6.

11. 5. Referências

1. K. S. W. Sing, R.T. Williams, *Physisorption Hysteresis Loops and the Characterization of Nanoporous Materials*, Adsorption sciences-Technonolgy **(2004)** https://doi.org/10.1260/0263617053499032
2. C. Kosanovic, A. Cizmek, B. Subotic, I. Smit, *Mechanochemistry of zeolites: Part 2. Mudança nas propriedades das partículas de zeólitos durante a moagem de bolas*, Zeolites. 15 **(1995)** 247-252.
3. S.Brunauer, P. H. Emmet, E. Teller, *Adsorption of Gases in Multimolecular LayersAm.* Chem. *Soc.* 60 **(1938)** 309-319.
4. E. P. Barrett, L. G. Joyner e P. P. Halenda, T *he Determination of Pore Volume and Area Distributions in Porous Substances. I. Computations from Nitrogen Isotherms*, J. Am. Chem. *Soc.* 73 **(1951)** 373-380.
5. J. H. Deboer, B. C. Lippens, *Studies on pore systems in catalysts: V. The t-method*, J. Catal. 4 **(1965)** 319-323.
6. J. Arfaoui, *Synthèse et caractérisation de Montmorillonites pontées au Titane et Dopées au Vanadium : Application catalytique à la réduction sélective de NO par NH3 et à l'époxydation des alcools allyliques*, PhD thesis **(2010)**, Faculté des Sciences de Tunis, Tunisie
7. L. E. Orgel, Methuen, tese de doutoramento, Londres, **(1961)**.
8. R. ⁺Kriptal, M. Maurya, *EPR e absorção ótica da impureza VO_2 no cristal único de sulfato de lítio e potássio*, physica B: condensed Matter 404 **(2009)** 1532
1537.
9. J. Arfaoui, A. Ghorbel, C. Petitto, G. Delahay, *Novo catalisador de aerogel nanoestruturado V_2O_5-CeO_2-TiO_2-SO_4^{2-} para a redução catalítica selectiva a baixa temperatura do NO por NH3 em excesso de O_2*, Appl. Catal. B: Environ. 224 **(2018)** 264-275.

Síntese e caraterização de materiais sólidos

III.1 Introdução

Este capítulo apresenta o método de preparação dos sólidos ZrO_2, yCe-ZrO_2, yFe-ZrO_2, Ag/ZrO_2, Ag/yCe-ZrO_2, Ag/yFe-ZrO_2, xAg/Ce-ZrO2 e xAg/Fe-ZrO_2. O efeito da variação das quantidades de Fe, Ce e Ag nas propriedades físico-químicas destes sólidos é estudado.

III.2 Síntese de suportes e catalisadores suportados à base de prata

III.2.1 Preparação dos substratos de ZrO2 e yM-ZrO2

O método utilizado para sintetizar suportes de ZrO2 e y M-ZrO2 (com M= Ce ou Fe) é a via sol-gel, que se baseia numa série de reacções de hidrólise e condensação de precursores moleculares (descritas no Capítulo I). É utilizada para preparar materiais com propriedades estruturais e texturais avançadas.

A preparação do ZrO2 é efectuada segundo um procedimento e condições semelhantes aos descritos nas referências [1,2] para a síntese do TiO_2. Uma quantidade específica de butóxido de zircónio *($Zr(OCH_2CH_2CH_2CH_3)_4$, 80%)* é adicionada, com agitação, a um volume de etanol puro *(C_2H_5OH)*. Em seguida, adiciona-se acetato de etilo *($C_6H_{10}O_3$, 99%, conhecido por Eacac)* como agente complexante e a mistura é agitada à temperatura ambiente durante uma hora. Por fim, procedeu-se à hidrólise por adição de uma solução aquosa de ácido nítrico *(HNO_3, 0,1 M)* e a mistura foi mantida sob agitação até à obtenção do gel.

O mesmo procedimento é utilizado para a síntese de suportes de aerogel M-ZrO2 y (Figura 13). Para introduzir o aditivo M, uma massa conhecida do precursor de nitrato de M (*(CeN_3O_9, $6H_2O$)* ou *($Fe(NO_3)_3$, $6H_2O$)*) é adicionada à mistura de reação antes da hidrólise. Os portadores obtidos são designados por yM-ZrO_2.

y é a percentagem mássica de M, em que :

y = 0; 1,25; 2,5; 5; 10; 15; 20 e 30% em peso para Ce-ZrO_2

y = 0; 1,25; 2,5; 5 e 10% em peso para Fe-ZrO_2

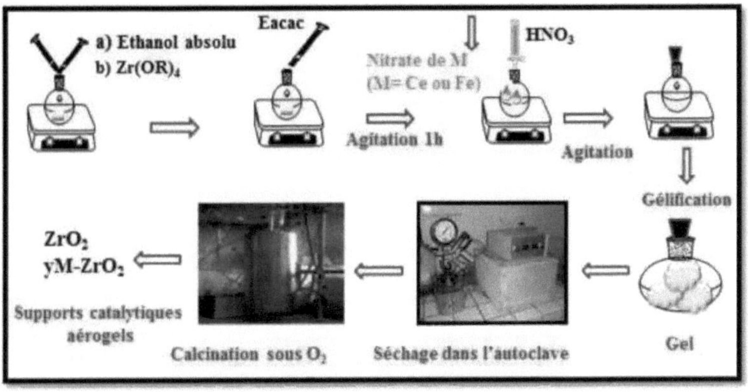

Figura 13. Diferentes fases da síntese dos suportes de ZrO2 e yM-ZrO_2.

A secagem do gel é uma fase importante na preparação de materiais utilizando o método sol-gel. Um aerogel sólido obtido por secagem supercrítica caracteriza-se por uma boa estabilidade térmica, uma maior área de superfície específica e uma maior porosidade do que um xerogel sólido seco num forno [3]. Por conseguinte, secámos os géis em condições de solvente supercrítico (Tabela 12).

Tabela 12. Temperatura e pressão críticas do etanol [4].

Solvente	Tc (°C)	Pc (bar)
Etanol	243	63

Os sólidos obtidos foram triturados e depois calcinados a 550°C, sob um fluxo de oxigénio (30 $cm^3.min^{-1}$) com uma taxa de aquecimento de 1°C. min^{-1} e um patamar de três horas.

As condições de síntese dos aerogéis sólidos ZrO2 e yM-ZrO2 são apresentadas na Tabela 13.

Tabela 13. Condições de preparação dos aerogéis de ZrO2 e yM-ZrO2.

Suportes catalíticos	*ZrO2 e yM-ZrO2*
Rácio de complexação	nEacac/ nZr = 1
Rácio de hidrólise (h)	+nH / nZr = 10
Tipo de sólido	Aerogel
Temperatura de calcinação	550 °C

III.2.2. Síntese dos catalisadores Ag/ZrO2 e Ag/yM-ZrO2

Os catalisadores Ag/ZrO2 e Ag/yM-ZrO2 são sintetizados pelo método de impregnação (Figura 14). Uma massa conhecida de suporte de óxido (ZrO2 ou yM-ZrO2), preparada pelo processo sol-gel e calcinada a 550°C, é posta em contacto com um pequeno volume de uma solução aquosa de nitrato de prata *(AgNO3, 99%)*. Após agitação, o produto obtido foi seco durante a noite numa estufa a 100°C e depois calcinado a 550°C sob um fluxo de O2. Os catalisadores preparados são designados por xAg/yM-ZrO2, em que x é a percentagem em peso de Ag (0,5, 1, 2, 2,5 ou 3% em peso).

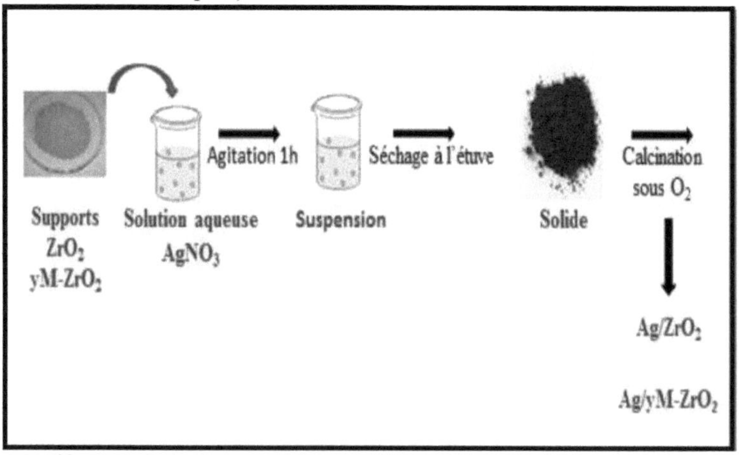

Figura 14. Diferentes fases da síntese dos catalisadores Ag/ZrO2 e Ag/yM-ZrO2.

III.3 Caracterização dos suportes e catalisadores (ZrO2, yM-ZrO2, Ag/ZrO2 e Ag/yM-ZrO2)

A determinação das caraterísticas físico-químicas de um catalisador é necessária para explicar a sua atividade catalítica. Estas caraterísticas dependem dos parâmetros de preparação; cada parâmetro tem um efeito que não deve ser negligenciado. Neste trabalho, estudámos os efeitos da natureza e da quantidade do aditivo M e do teor de prata na preparação de catalisadores Ag/yM-ZrO2.

III.3.1 Efeito do teor de Ce nas caraterísticas físico-químicas dos sólidos de ZrO2 e yCe-ZrO2:

III.3.1.1 Estudo XRD

Os resultados da análise estrutural por DRX dos suportes de ZrO2 e yCe-ZrO2 (em que y = 0; 1,25; 2,5; 5; 10; 15; 20 e 30% em peso de Ce) são apresentados na Figura 15.

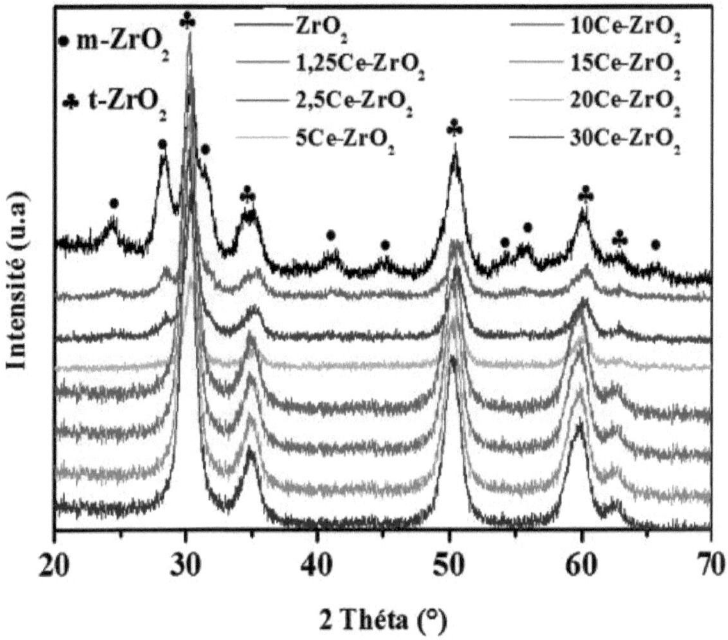

Figura 15. Difragtogramas de raios X dos suportes de aerogel (ZrO2 e yCe-ZrO2).

O difractograma de raios X do suporte de ZrO2 mostra as linhas das duas fases monoclínicas estáveis (m-ZrO2) e tetragonais metaestáveis (t-ZrO2) da zircónia. Assim, os picos localizados nos ângulos de difração 2θ = 24,38° (110), 28,26° (-111), 31,56° (111), 41,07° (102), 45,21° (-202), 54,09° (300), 55,60 (130), 65,68° (320) e 2θ = 30,33° (101), 34,67° (002), 50,37° (112), 60,09° (211), 62,57° (202) são atribuídos às fases monoclínica [PDF 89-9066] e tetragonal [PDF 79-1769] do ZrO2 , respetivamente.

A adição de quantidades crescentes de cério modifica a estrutura da zircónia (Figura 15), levando ao desaparecimento das linhas caraterísticas da fase monoclínica do ZrO2. Isto mostra a estabilização da fase tetragonal do ZrO2 (metaestável a baixa temperatura) pela adição de cério e pode sugerir a existência de interações entre o ZrO2 e o Ce. A estabilização da fase tetragonal da zircónia foi também observada por W. Khaodee e V. Solinas et al. [5,6] em catalisadores CeO2-ZrO2.

É de notar que a ausência de picos de óxido de CeO2 no caso de todos os sólidos mostra uma boa dispersão do cério na superfície de ZrO2. Resultados semelhantes foram posteriormente obtidos por Z. Guerra-Que et al [7] e J. Arfaoui et al [1]. Os autores mostraram uma boa dispersão das espécies de Ce na superfície dos catalisadores CeO2-ZrO2 e $V2O5\text{-}CeO2\text{-}TiO2\text{-}SO4^{2-}$, respetivamente.

III. 3. 1. 2. Estudo por fisissorção de azoto a 77 K

Os resultados da análise da textura de fiseorção de N2 a 77 K obtidos para os suportes yCe-ZrO2 são apresentados na Tabela 14.

Tabela 14. Resultados da análise dos suportes de aerogel de ZrO2 e yCe-ZrO2 por fisissorção de N2.

Amostra	*SBET* (m^2.gl)	*Vp* (crf.$g^{'l}$)	*Dmoy* (Â)
ZrO2	107	0,33	88
1,25Ce-ZrO2	72	0,26	81
2,5Ce-ZrO2	82	0,21	83
5Ce-ZrO_2	112	0,29	91
10Ce-ZrO2	119	0,35	87
15Ce-ZrO2	130	0,39	110
20Ce-ZrO2	129	0,73	232
30Ce-ZrO2	117	0,47	171

Onde: * SBET: área de superfície específica, * Vp: volume de poros, *Dmoy: diâmetro médio dos poros

< < < < Os resultados apresentados no quadro 14 mostram que os aerogéis calcinados a 550°C se caracterizam por uma grande superfície específica (72 SBET 130 $m^2g^{-1)}$ e uma grande porosidade (0,21 Vp 0,73 cm^3g^{-1}), o que os torna termicamente estáveis.

As isotérmicas de adsorção-dessorção e as curvas de distribuição dos poros (Figuras 16 e 17, respetivamente) mostram que os aerogéis produzidos são caracterizados por :

- *Isotérmicas do tipo IV* (de acordo com a classificação IUPAC) e uma distribuição monomodal dos poros relativamente a uma textura mesoporosa homogénea.
- *Laços de histerese do tipo H1* (casos de : 1,25Ce-ZrO2, 2,5Ce-ZrO2, 5Ce-ZrO2, 10Ce-ZrO2, 15Ce-ZrO2, 20Ce-ZrO2 e 30Ce-ZrO2) *ou H2* (caso do ZrO2) correspondendo a poros cilíndricos ou em forma de garrafa.

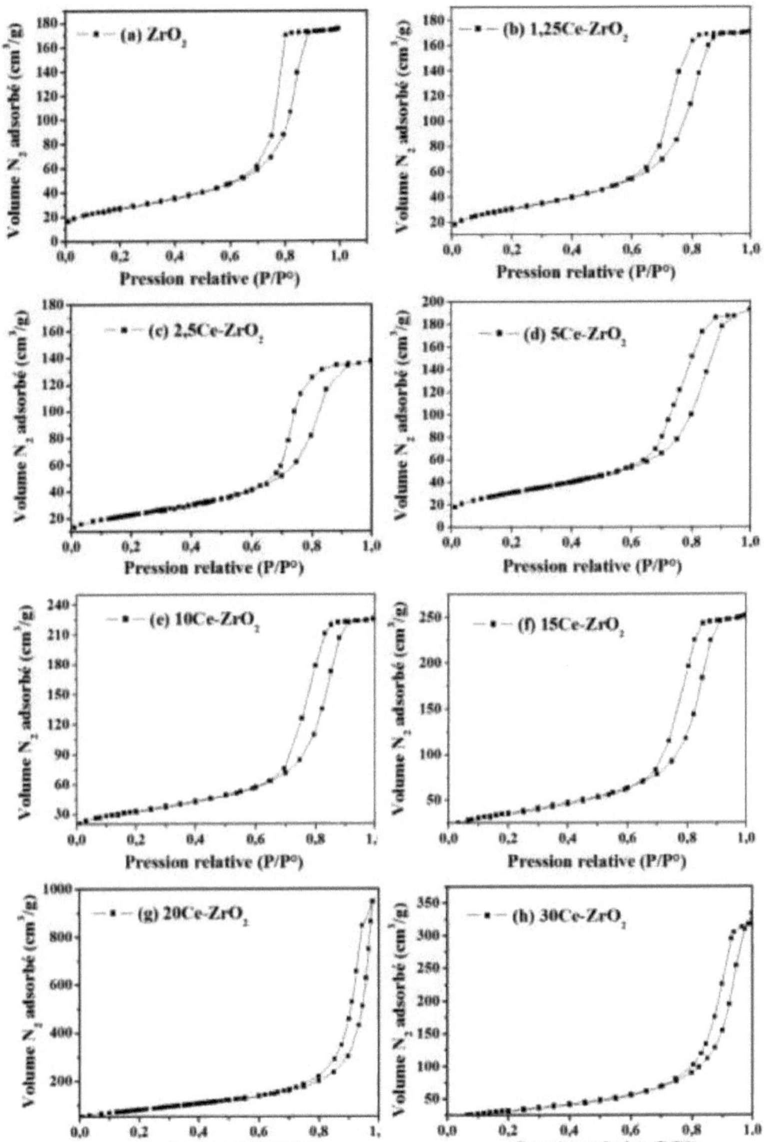

Figura 16. Isotérmicas de adsorção-dessorção de N2 para os suportes ZrO2 e yCe-ZrO2.

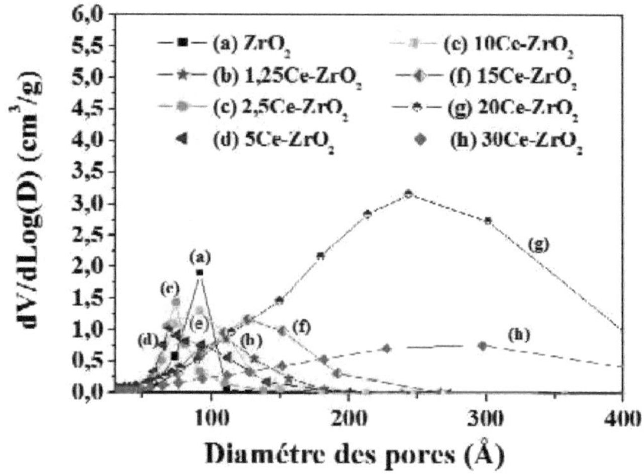

Figura 17. Curvas de distribuição de poros para substratos de ZrO2 e yCe-ZrO2.

III. 3. 1.3 Espectroscopia UV-Visível

Os resultados da análise por espetroscopia UV-Visível dos suportes (Zr e Ce) são apresentados na Figura 18 e listados na Tabela 15.

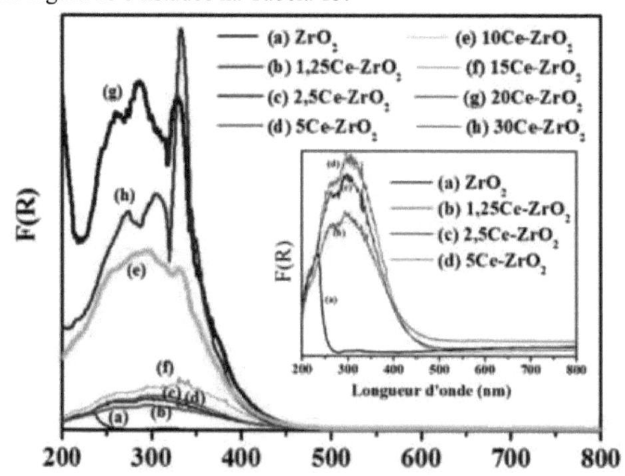

Figura 18. Espectros UV-Vis dos suportes de aerogel de ZrO2 e yCe-ZrO2.

O espetro UV do substrato de aerogel de ZrO2 (Figura 18) mostra uma banda de absorção entre 200 e 250 nm atribuída à transição (O^{2-} > Zr^{4+}) na zircónia [7,8]. Para as amostras de yCe-ZrO2, as novas bandas observadas nas regiões: 230-260 nm e 280350 nm relacionam-se, respetivamente, com as transições O^{2-} > Ce^{3+}e O^{2-} > Ce^{4+} [1,7,9,10]. Assim, as espécies de cério estão presentes nos estados de oxidação +3 e +4 na superfície de ZrO2. Este resultado está de acordo com os obtidos anteriormente na nossa equipa de investigação por J. Arfaoui e C. Gannoun et al [1, 11], que detectaram Ce^{3+} e Ce^{4+} na superfície dos catalisadores V_2O_5-CeO_2-TiO_2-SO_4^{2-} (aerogel preparado pelo método sol gel insitu) e V_2O_5/CeO_2- TiO_2, (preparado método sol gel seguido de impregnação).

Tabela 15. Bandas UV-vis observadas nos aerogéis de ZrO2 e yCe-ZrO2.

Amostras	*Comprimentos de onda (nm)*	*As bandas correspondentes*	*Ref. Biblio.*
ZrO2 e yCe-ZrO2	200-250	Transferência de carga O^{2-} > Zr^{4+}	[7,8]
yCe-ZrO2	230-260	Transferência de carga O^{2-} > Ce^{3+}	[1,7,9,10]
	280-350	> Transferência de carga O^{2-} Ce^{4+}	

III. 3. 1. 4 Espectroscopia de fotoelectrões de raios X (XPS)

Os espectros XPS correspondentes às orbitais Zr3d, O1s e Ce3d são apresentados nas Figuras 19a, 19b, 19c, 19d e 19e. As energias de ligação destas orbitais e as suas atribuições são apresentadas na Tabela 16.

Tabela 16. Energias de ligação e estados de oxidação dos átomos das amostras.

Sólido	*orbitais*	*Energias de ligação (Ev) e estado de oxidação*	*Ref. Biblio.*
ZrO2 e yCe-ZrO_2	Zr 3d ($3d_{5/2}$ $3d_{3/2}$)	181,7 Zr^{4+} 184,5	[7,12,13]
yCe-ZrO_2	O1s	529,0-529,9 eV Rede O_L (O^{2-}) 530-531, 9 eV O- ou OH- quimisorvido à superfície	[14,15]
	Ce 3d ($3d_{3/2}$ e $3d_{5/2}$)	885.5 e 904.5 ^ $3d^{10}4f^1$ Ce^{3+}	[1,15,16]
		^ 900,9; 906,4; 916,9; 917,8; 882,6 e 898,3 $3d^{10}4f^0$ Ce^{4+}	[1,7,15]

Os resultados obtidos por espetroscopia de fotoelectrões de raios X revelam a presença de espécies de $Ce^{(3+)}$ e $Ce^{(4+)}$, o que é consistente com os resultados da espetroscopia UV-visível. X. Deng et al [17] também mostraram a presença de cério nos estados de oxidação +3 e +4 num catalisador Ag/Ce-Zr preparado pelo método de co-precipitação.

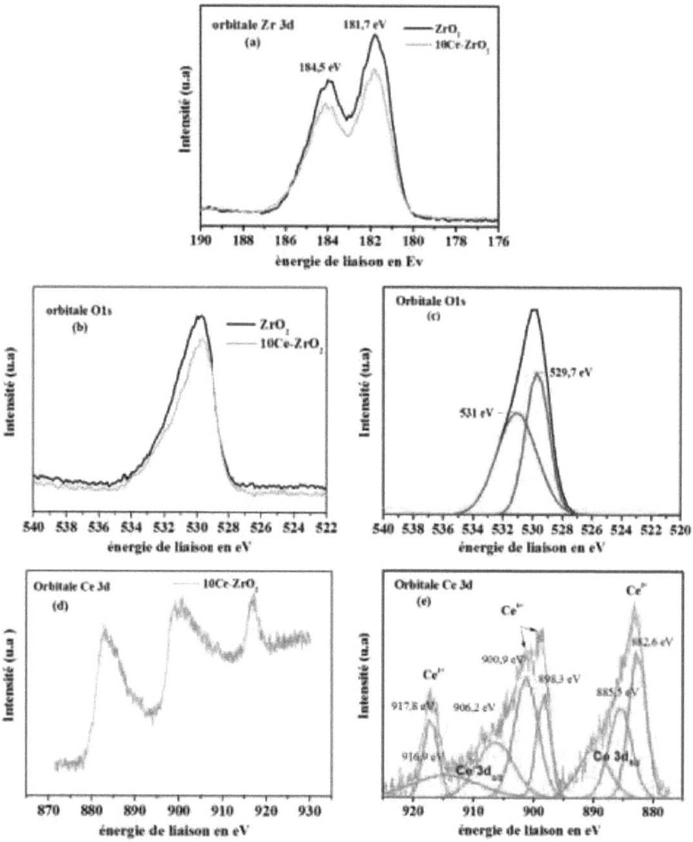

Figura 19. Resultados da análise XPS dos suportes de ZrO_2 e Ce-ZrO_2.

III. 3. 1. 5 Análise da RTP-H2

O efeito da quantidade de Ce nas caraterísticas redox dos sólidos de yCe-ZrO_2 (y = 0; 1,25; 2,5; 5; 10; 15; 20 e 30 % em peso) foi estudado por redução programada à temperatura utilizando hidrogénio. Os resultados obtidos são mostrados na Figura 20.

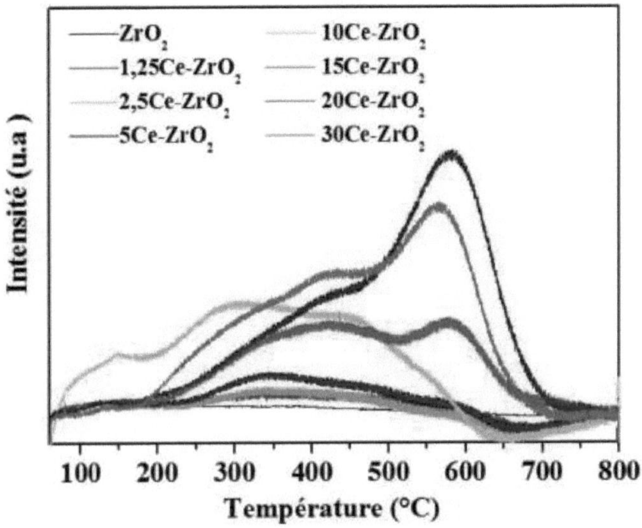

Figura 20: Resultados da análise RTP-H2 dos suportes de aerogel de ZrO2 e yCe-ZrO2.

Esta figura mostra que a zircónia não se reduz na gama de temperaturas estudada [18]. Os sólidos yCe-ZrO2 mostram vários picos de redução de H2 entre 100 e 700°C, que são atribuídos à redução de diferentes espécies de cério. De acordo com a literatura, a redução de espécies pequenas com fortes interações com o suporte ocorre entre 100 e 500°C [19-23], enquanto a redução de espécies grandes com interações fracas com o suporte ocorre a temperaturas mais elevadas (> 500°C) [19-23]. Assim, a quantidade de Ce influencia provavelmente a natureza das espécies de cério e as suas interações com o ZrO2.

III.3.2 Caracterização dos catalisadores Ag/ZrO2 e Ag/yCe-ZrO2

III.3.2.1 Análise XRD

Os resultados da análise XRD dos catalisadores Ag/ZrO2 e Ag/yCe-ZrO2 (com a percentagem de Ag = 2% wt) são apresentados na Figura 21.

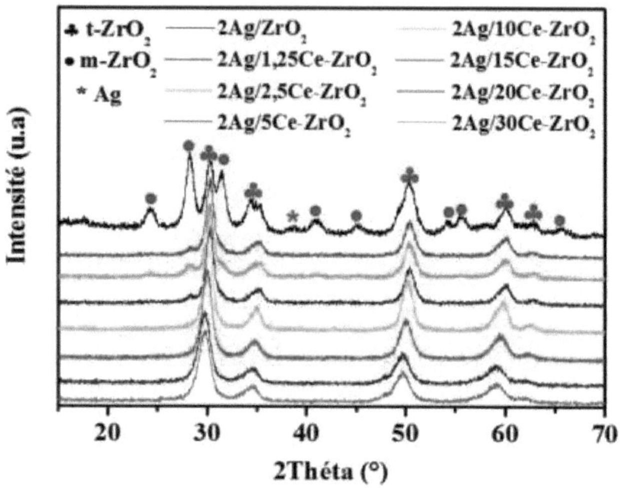

Figura 21. Difragtogramas de raios X dos catalisadores Ag/ZrO2 e Ag/yCe-ZrO2.

Os difractogramas XRD dos catalisadores Ag/yCe-ZrO2 são semelhantes aos obtidos para os suportes yCe-ZrO2 (Fig. 15), pelo que a adição de Ag não influencia a estrutura dos aerogéis yCe-ZrO2. Note-se que um pico de baixa intensidade relativo à prata metálica aparece a 2Θ = 38, 1° (111) [PDF 65-2871] apenas para a amostra Ag/ZrO_2. Este facto pode estar relacionado com a existência de interações entre o cério e a prata que permitem uma boa dispersão das espécies de prata. S. Imamura e Z. Qu et al [24,25] também obtiveram uma boa dispersão da prata em catalisadores do tipo Ag/CeO2.

III.3.2.2 Estudo por fisissorção de azoto a 77 K

Os resultados da análise dos sólidos Ag/ZrO2 e Ag/yCe-ZrO2 por fisissorção de N2 a 77 K são apresentados na Tabela 17.

Tabela 17. Resultados da análise dos sólidos Ag/ZrO2 e Ag/yCe-ZrO2 por fisissorção de N2 a 77 K.

Amostras	*SBET (trf.g'¹)*	*Vp (cmf.-g'¹)*	*Dmoy (Ȧ)*
2Ag/ZrO₂	76	0,24	97
2Ag/1,25Ce-ZrO₂	62	0,24	148
2Ag/2,5Ce-ZrO2	77	0,22	106
2Ag/5Ce-ZrO2	81	0,25	106
2Ag/10Ce-ZrO2	73	0,31	127
2Ag/15Ce-ZrO2	118	0,38	112
2Ag/20Ce-ZrO2	68	0,33	173
2Ag/30Ce-ZrO2	101	0,47	185

A comparação dos resultados desta tabela com os da tabela 14 mostra que a adição de Ag leva a uma ligeira diminuição da área superficial específica dos suportes, o que pode ser atribuído ao bloqueio de certos poros pela prata. Este resultado está de acordo com numerosos estudos relatados na literatura, que também demonstraram uma redução na área de superfície específica de diferentes suportes (Al2O3, ZrO2, TiO2, CeO2, argila intercalada, etc.) após a adição de diferentes átomos (V, Mo, etc.) [1,25-29].

As isotérmicas de adsorção-dessorção e as curvas de distribuição dos poros para os catalisadores Ag/ZrO2 e Ag/yCe-ZrO2 são apresentadas nas Figs. 22 e 23, respetivamente.

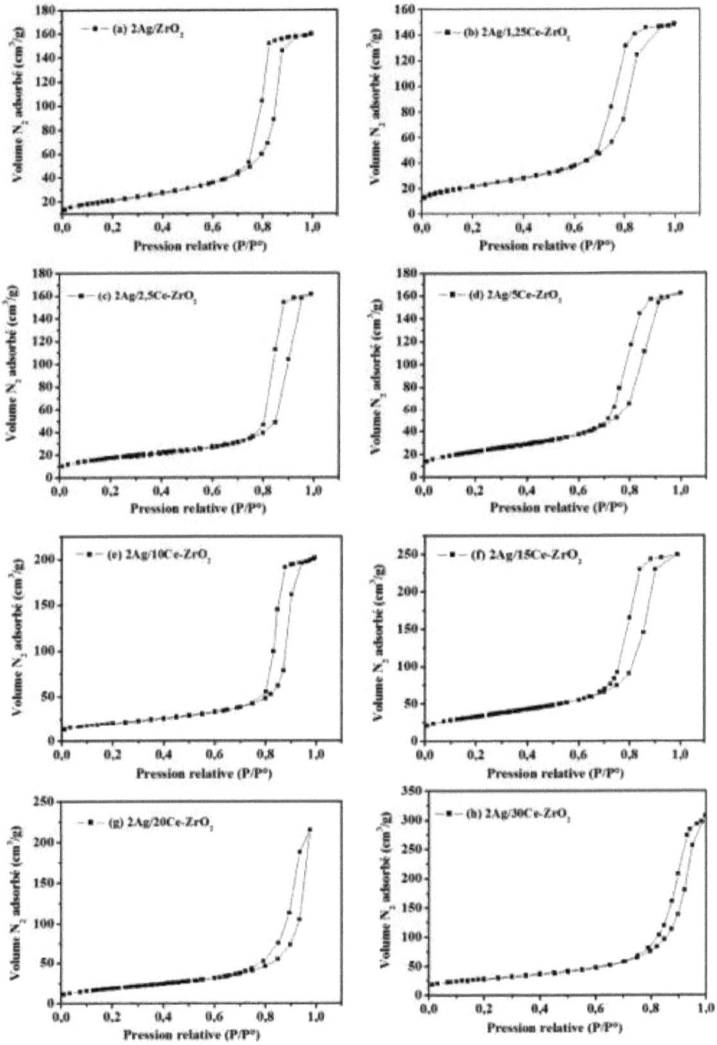

Figura 22: Isotérmicas de adsorção-dessorção de N2 para os catalisadores Ag/ZrO2 e Ag/yCe-ZrO2.

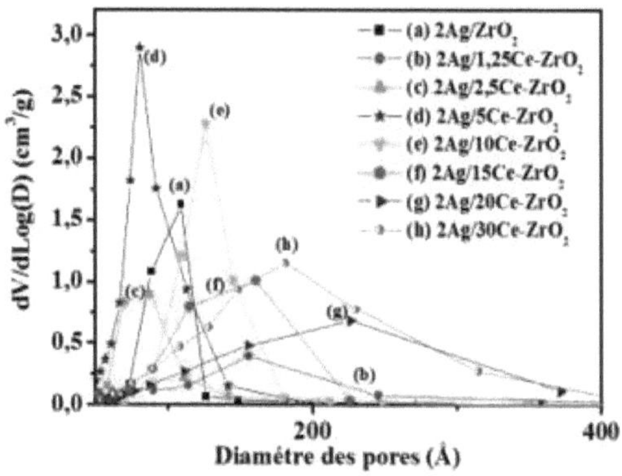

Figura 23. Curvas de distribuição de poros para os catalisadores Ag/ZrO2 e Ag/yCe-ZrO2.

A análise das curvas obtidas nas Figuras 22 e 23 mostra que os catalisadores Ag/ZrO2 e Ag/yCe-ZrO2 apresentam isotérmicas do tipo IV e laços de histerese do tipo H1. São mesoporosos e têm poros cilíndricos.

III. 3. 2. 3 Espectroscopia UV-Visível

A figura 24 mostra os espectros UV-Vis dos sólidos Ag/ZrO2 e Ag/yCe-ZrO2.

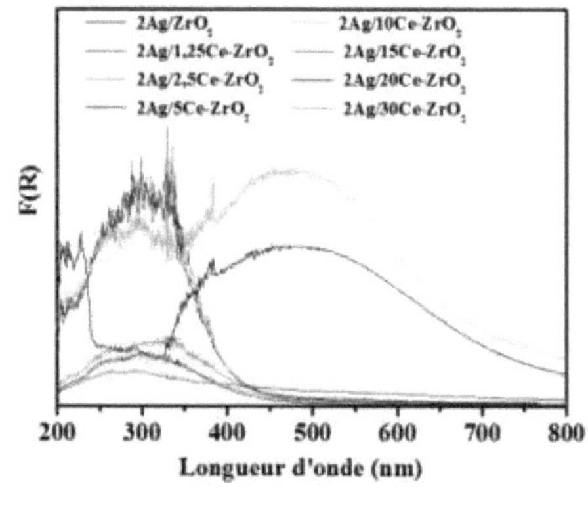

Figura 24. Espectros UV-Vis dos catalisadores Ag/ZrO2 e Ag/yCe-ZrO2.

+A Figura 24 mostra que, para além das bandas relativas às transições O^2-> Zr4+, $O2^-$ > Ce^{3+}e O2- > Ce^{4+}, os catalisadores Ag/ZrO2 e Ag/yCe-ZrO2 apresentam bandas a cerca de 212 e 226 nm que correspondem às transições d-d das espécies de Ag bem dispersas na superfície dos sólidos [28, 30]. As bandas relacionadas com os aglomerados de Ag^ são observadas a 290 e 330 nm no espetro UV do sólido Ag/ZrO2 e são sobrepostas com as absorções de cério nos espectros UV dos catalisadores Ag/yCe-ZrO2 [25].

+ A banda observada a 380 nm, para os catalisadores Ag/ZrO2 e Ag/10Ce-ZrO2, pode ser atribuída a outro tipo de aglomerados de Ag_n^s [25,30,31] que só se formam no caso destas duas amostras, enquanto que a banda larga detectada a 480 nm é provavelmente devida a agregados ou aglomerados metálicos de prata (Agn) [31].

^ Note-se que a amostra Ag/10Ce-ZrO2 tem um espetro UV diferente das amostras Ag/ZrO_2 e $Ag/yCe-ZrO_2$ (y 10), o que pode estar relacionado com uma mudança na natureza das espécies de prata devido à adição de Ce.

III. 3. 2. 4 Espectroscopia de fotoelectrões de raios X (XPS)

Os resultados de XPS correspondentes à orbital Ag3d no caso dos catalisadores Ag/ZrO2 e Ag/10Ce-ZrO2 são apresentados na Tabela 18 e ilustrados na Figura 25.

Tabela 18. Energias de ligação e estado de oxidação da Ag nos catalisadores.

Amostras	*orbitais*	*Energias de ligação (eV) e estado de oxidação*	*Ref. biblio.*
Ag/ZrO2	Ag3d5/2 Ag3d 3/2	368,1 e 374,2 eV Ag metálico (Ag^0)	[7,32]
Ag/Ce-ZrO2	Ag3d5/2 Ag3d 3/2	367,6 e 374 eV Óxido de Ag (Ag_2O)	

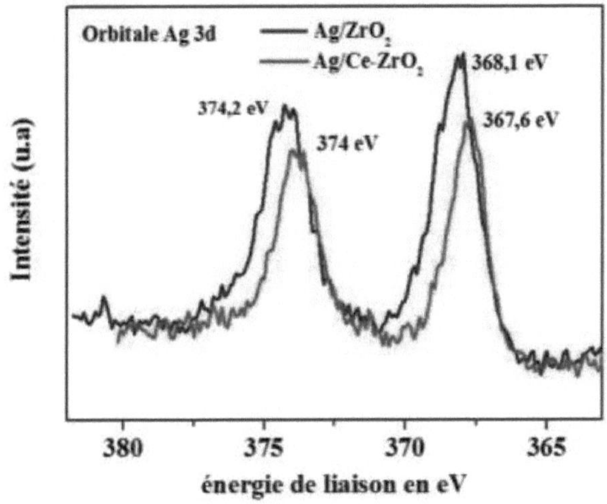

Figura 25. Espectros XPS Ag 3d dos catalisadores Ag/ZrO2 e Ag/Ce-ZrO2.

A análise das amostras Ag/ZrO2 e Ag/10Ce-ZrO2 por XPS mostra que a prata metálica $Ag^{(0)}$), com picos a 368,1 e 372,4 eV [7,30], está maioritariamente presente na superfície da amostra Ag/ZrO2. No entanto, as espécies de prata oxidadas, com picos a 367,6 e 374 eV [7,30], encontram-se maioritariamente na superfície do catalisador Ag/10Ce-ZrO2. Estes resultados confirmam que a adição de cério afecta a natureza das espécies de prata suportadas e permite que estas estejam bem dispersas na superfície do catalisador Ag/10Ce-ZrO2.

III. 3. 2. 5 Análise da RTP-H2

As propriedades redox dos catalisadores Ag/ZrO2 e Ag/yCe-ZrO2 foram analisadas utilizandoRTP-H2. Os resultados obtidos são apresentados na Figura 26.

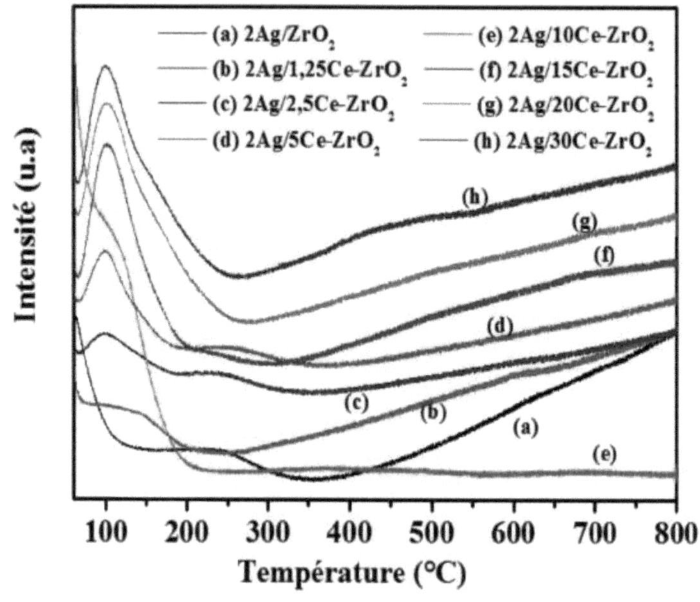

Figura 26. Resultados da análise RTP-H2 dos catalisadores Ag/ZrO2 e Ag/yCe-ZrO2.

As curvas RTP-H2 para os catalisadores Ag/yCe-ZrO2 (Figura 26) são diferentes das obtidas para os suportes yCe-ZrO2 (Figura 20) e mostram o aparecimento de novos picos a baixas temperaturas (60-300°C). Estes podem ser atribuídos à redução das espécies de prata e cério [25,32-34]. Z. $^{+}$Qu et al [25] encontraram resultados semelhantes em catalisadores Ag/CeO2 e atribuíram os picos entre 65 e 350°C à redução das diferentes espécies de prata (Ag^0, Ag) e ao oxigénio associado às nanopartículas de prata. Noutros trabalhos [33-35] sobre catalisadores Ag-CeO2-A, Ag/CeO2, KN-Ag/Ce-Zr e N- Ag/Ce-Zr, os picos a baixas temperaturas (< 300 °C) são atribuídos à redução do oxigénio ligado à prata ou ao cério. Foi relatado que a presença de prata enfraquece a ligação Ce-O associada à Ag e facilita a redução do oxigénio da superfície do cério [25]. Assim, a adição de Ag influencia as propriedades redox dos catalisadores Ag/yCe-ZrO2.

III. 3. 2. 6 Análise por DTP-NH3

As curvas DTP-NH3 para algumas amostras são apresentadas na Figura 27.

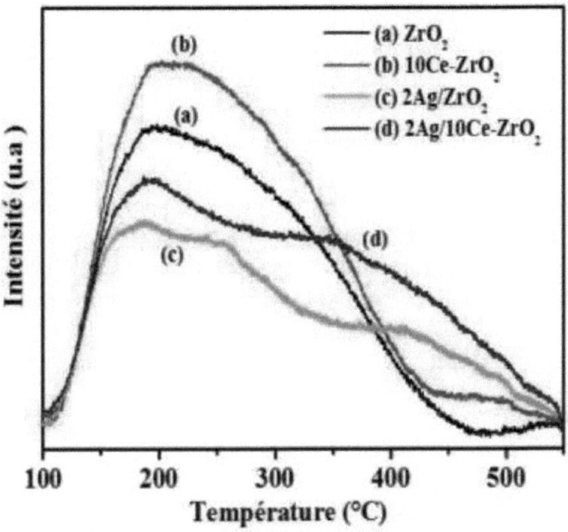

Figure 27. Courbes de DTP-NH_3 des solides.

Esta figura mostra que os suportes de catalisador ZrO2 e 10Ce-ZrO2 exibem um amplo pico de dessorção de NH3 entre 100 e 400°C, que pode ser atribuído à dessorção de NH3 de sítios de ácidos fracos (cerca de 200°C) e médios (cerca de 300°C) [1,35-38]. A intensidade deste pico é maior no caso do sólido Ce-ZrO2, onde a adição de cério aumenta a acidez total do suporte. A adição de Ag modifica a acidez; leva a uma diminuição da intensidade do pico localizado entre 100 e 400°C e permite a criação de novos sítios fortemente ácidos (entre 400 e 500°C). L. Chmielarz et al [39] também observaram a formação de novos sítios ácidos fortes após a adição de Ag para sólidos de Mt-Al-Ag.

III. 3. 2. 7 Estudo por dessorção com oxigénio programada por temperatura (DTP-O2).

A natureza das espécies de oxigénio adsorvidas na superfície das amostras é analisada por dessorção de oxigénio programada por temperatura (DTP-O2). As curvas DTP-O2 obtidas são apresentadas na Figura 28.

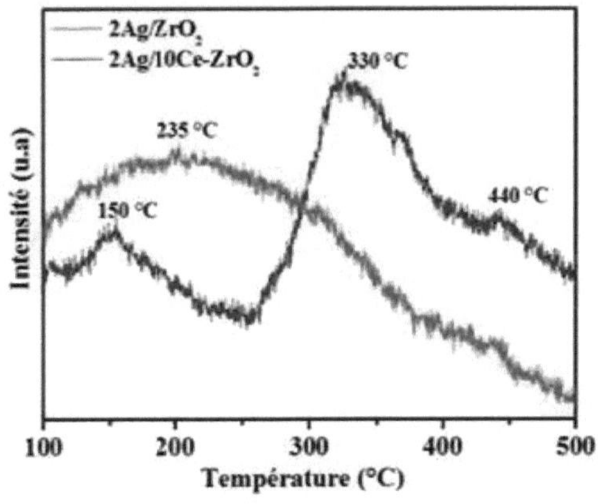

Figura 28. Resultados do DTP-O2 para os catalisadores Ag/ZrO2 e Ag/Ce-ZrO2.

A curva DTP-O2 de Ag/ZrO2 mostra um pico largo com um máximo a 235°C, que pode estar relacionado com o oxigénio molecular fracamente adsorvido à superfície de Ag [40,41]. A amostra Ag/10Ce-ZrO2 apresenta três picos de dessorção de O2 a 150°C, 330°C e 440°C, que podem ser atribuídos ao oxigénio molecular fracamente adsorvido na superfície, ao oxigénio quimisorvido e ao oxigénio ligado a vagas de aniões na superfície [39,40,42]. É de notar que a adsorção de O2 é maior para o catalisador Ag/10Ce-ZrO2 devido à presença de cério, que é um reservatório de oxigénio [43]. Trabalhos anteriores [15,25] mostraram que a presença de uma grande quantidade de oxigénio adsorvido na superfície (O^{2-} ou O^{-}) desempenha um papel importante na estabilidade e dispersão das espécies de prata e melhora a oxidação completa dos COV.

III.3.3 Efeito da quantidade de Ag nas propriedades físico-químicas dos catalisadores Ag/Ce-ZrO2

III.3.3.1 Estudo XRD

Os difragtogramas de raios X dos catalisadores xAg/10Ce-ZrO2 (com x = 0,5, 1, 2 e 3% wt.) são mostrados na Figura 29.

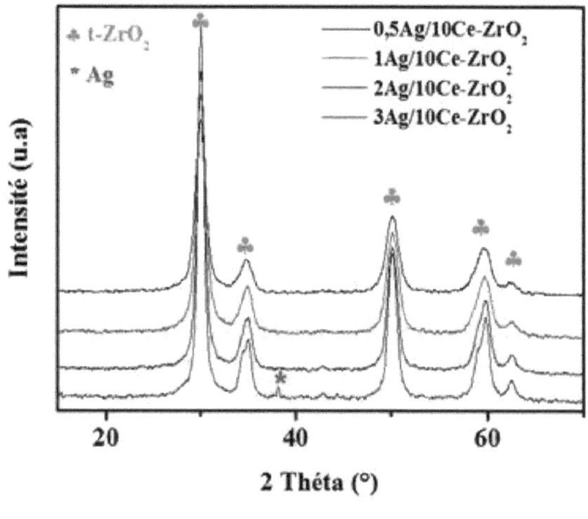

Figura 29. Difragtogramas de raios X dos catalisadores xAg/10Ce-ZrO2.

Esta figura mostra a presença de picos relacionados com a fase tetragonal do ZrO2. A intensidade destes picos aumenta à medida que a quantidade de Ag aumenta, pelo que a cristalinidade do suporte é melhorada pela adição de prata. As linhas de prata metálica (Ag^{0}) estão ausentes até 2% em peso de Ag, enquanto um único pico muito fraco de $Ag^{(0)}$ (2θ = 38,1° (111)) aparece a 3% em peso de Ag. Assim, podemos concluir que as espécies de prata estão bem dispersas na superfície do suporte. K. Narasimharao et al [44] referiram que as partículas de Ag só são detectadas por XRD (em sólidos Ag/Fe2O3) para quantidades de Ag superiores a 10%.

III.3.3.2 Estudo da fisissorção do azoto

Os resultados da análise dos catalisadores xAg/10Ce-ZrO2 (com x = 0,5; 1; 2 e 3 wt.%) por fisissorção de azoto a 77 K são apresentados na Tabela 19. As isotérmicas de adsorção-dessorção de N2 e as curvas de distribuição dos poros das amostras são apresentadas, respetivamente, nas Figuras 30 e 31.

Tabela 19. Resultados da análise dos catalisadores xAg/10Ce-ZrO2 por fisissorção de azoto a 77 K.

Amostras	*SBET (m2'-g(1))*	*Vp (cmA-gg*	*Dmoy(Å)*
0,5Ag/10Ce-ZrO2	162	0,41	71
1Ag1()Ce-Zr()2	140	0,39	121
2Ag/10Ce-ZrO2	73	0,31	127
3Ag/10Ce-ZrO2	55,8	0,25	177

Os resultados obtidos mostram que os sólidos xAg/10Ce-ZrO2 apresentam isotermas do tipo IV, segundo a classificação IUPAC, e laços de histerese do tipo H1; têm, portanto, uma textura mesoporosa e os seus poros são em forma de garrafa. A diminuição da superfície específica dos catalisadores quando a quantidade de prata aumenta é atribuída, segundo a literatura, ao bloqueio dos poros do suporte pelas espécies de prata ou pela aglomeração destas espécies na superfície [43-47]. N . Sobana, Y.Yang e R. Saravanan et al [45-47] também observaram uma diminuição da área superficial específica dos catalisadores Ag/TiO2, Ag/a-Fe2O3 e Ag/ZnO, respetivamente, após a adição de Ag.

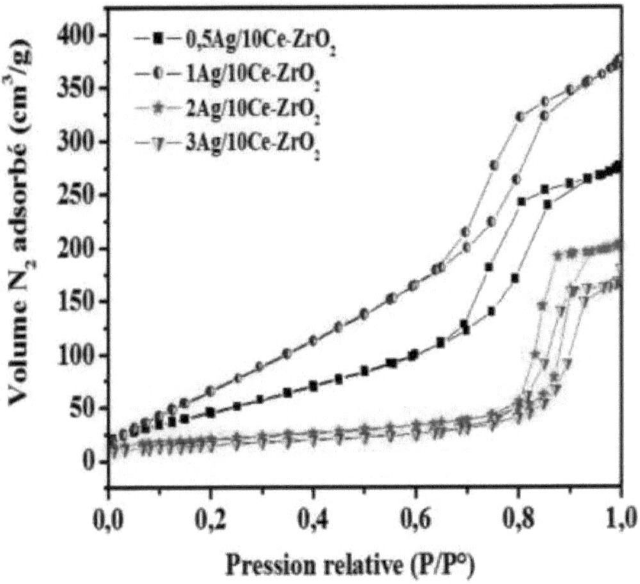

Figura 30: Isotérmicas de adsorção-dessorção de N2 para catalisadores xAg/10Ce-ZrO2.

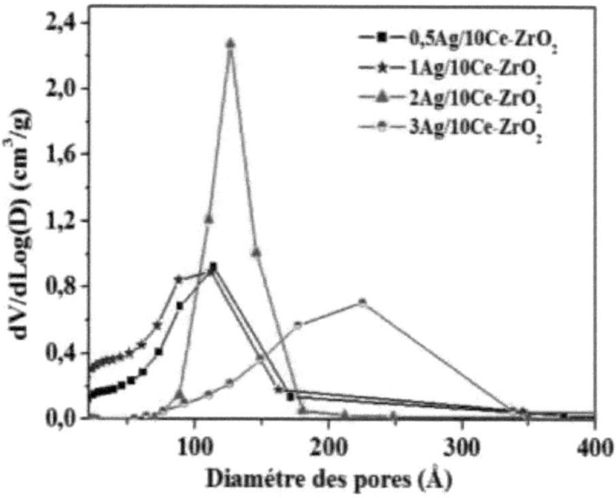

Figura 31. Curvas de distribuição de poros para catalisadores xAg/10Ce-ZrO2.

III. 3. 3. 3. 3 Espectroscopia UV/Visível em reflexão difusa

A Figura 32 mostra os espectros de reflexão difusa UV-Visível dos catalisadores xAg/10Ce-ZrO2.

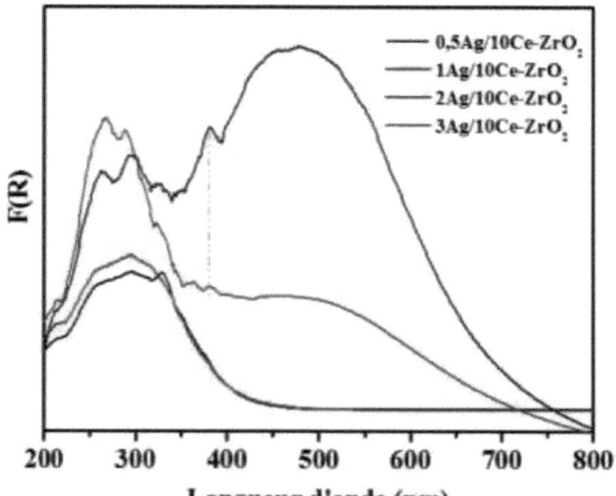

Figura 32. Espectros UV-Visível dos catalisadores xAg/Ce-ZrO2.

A Figura 32 mostra que a forma do espetro UV-visível varia com a variação da quantidade de prata, pelo que o teor de Ag influencia a natureza das espécies de Ag formadas na superfície dos catalisadores Ag/Ce-ZrO2. Também deve ser notado que a maior quantidade de Agn^{s+}e aglomerados de Agn (observados a cerca de 380 e 480 nm, respetivamente [25,28,31]) é formada na superfície de sólidos contendo 2 % wt. Ag. Estes aglomerados estão em baixa quantidade para x = 3 % em peso de Ag e ausentes para x = 0,5 e 1 % em peso de Ag.

III.4 Caracterização dos sólidos yFe-ZrO2 e Ag/yFe-ZrO2

III.4.1 Propriedades físico-químicas dos suportes de aerogel de yFe-ZrO2

III.4.1.1 Análise XRD

Os difractogramas de raios X dos aerogéis yFe-ZrO2 (com y = 0, 1,25, 2,5, 5 e 10% wt) são apresentados na Figura 33.

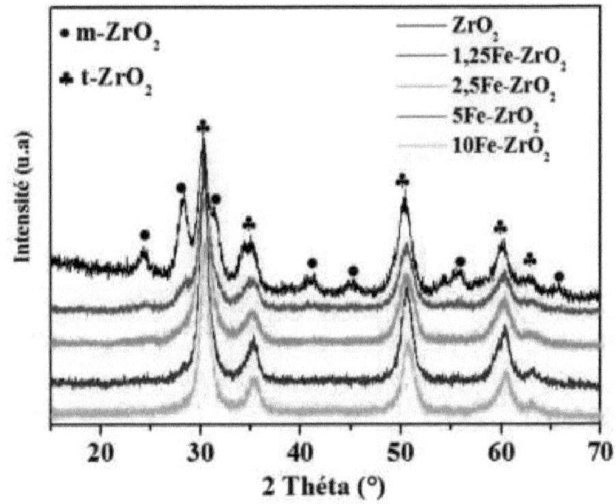

Figura 33. Difractogramas de raios X dos suportes de aerogel yFe-ZrO2

Esta figura mostra, para os sólidos yFe-ZrO2, linhas presentes da fase tetragonal do ZrO2 a 2θ = 30,33° (101), 34,67° (002), 50,37° (112), 60,09° (211), 62,57° (202) [PDF 79-1769]). A fase monoclínica da zircónia é observada a 2θ = 24,38° (110), 28,26° (-111), 31,56° (111), 41,07° (102), 45,21° (-202), 54,09° (300), 55,60 (130) e 65,68° (320) [PDF 89-9066]) para 1,25% em peso de Fe, desaparece quando a quantidade de Fe aumenta, pelo que a presença de ferro permite a estabilização da fase tetragonal do ZrO2. Note-se que a ausência de picos de óxido de Fe na Figura 33 revela uma boa dispersão do ferro na superfície da zircónia [48].

III. 4. 1. 2. Estudo por fisissorção de azoto a 77 K

Os resultados da fisissorção de azoto a 77 K para os suportes yFe-ZrO2 são apresentados nas Figuras 34 e 35 e na Tabela 20.

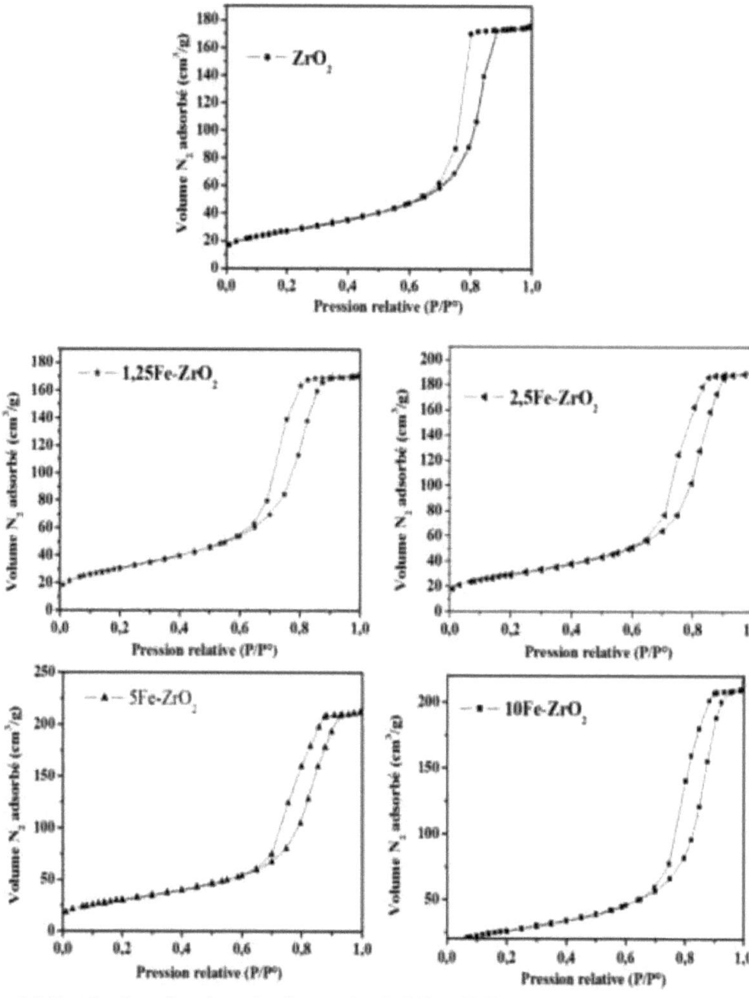

Figura 34. Isotérmicas de adsorção-dessorção de N2 a 77 K para suportes yFe-ZrO2

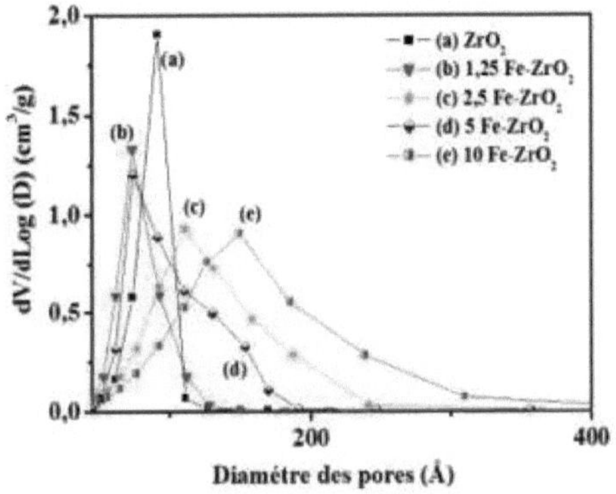

Figura 35. Curvas de distribuição de poros para suportes de catalisador yFe-ZrO2.

As isotérmicas de adsorção-dessorção de N2 e as curvas de distribuição dos poros (Figuras 34 e 35) mostram que todas as isotérmicas são do tipo IV, pelo que os sólidos obtidos são mesoporosos com laços de histerese do tipo H1 que mostram que os poros são cilíndricos.

A Tabela 20 mostra que todas as amostras são caracterizadas por uma grande área superficial específica (SBET > 93 m^2/g) que diminui ligeiramente com o aumento do teor de Fe devido ao bloqueio dos poros dos sólidos por espécies de ferro ou à aglomeração destas espécies na superfície [45]. Este resultado é semelhante ao obtido por Y. Zhong et al [49] em catalisadores AC-Fe contendo diferentes quantidades de ferro.

Tabela 20. Resultados da análise dos suportes de aerogel de ZrO2 e yFe-ZrO2 por fisissorção de N2 a 77 K.

Amostras	*SBET (m².gl*	*Vp (cnr.-g)*	*Dmoy(Å)*
ZrO2	107	0,33	88
1,25Fe-ZrO_2	111	0,26	90
2,5Fe-ZrO2	107	0,29	104
5Fe-ZrO2	93	0,28	92
10Fe-ZrO_2	95	0,32	134

III. 4. 1. 3 Análise por espetroscopia UV-Visível

Os resultados da análise das amostras por espetroscopia de UV-visível são apresentados na Figura 36.

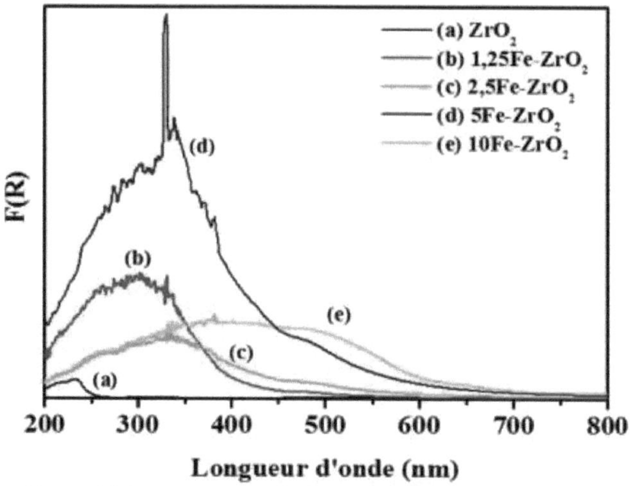

Figura 36. Espectros UV-Vis dos suportes de aerogel yFe-ZrO2.

Esta figura mostra a presença de várias bandas de absorção de espécies de ferro: espécies em coordenações octaédricas e tetraédricas para $\lambda < 300$ nm [50], aglomerados ou clusters de FexOy para $300 < \lambda < 400$ nm [46,51], e agregados de óxido de ferro (a-Fe2O3) para $\lambda > 400$ nm [46,47].

Observamos que os agregados de Fe2O3 só se formam quando o teor de ferro excede 5% em peso. Assim, a natureza das espécies de Fe formadas na superfície da zircónia é afetada pelo teor de ferro.

III. 4. 1. 4 Análise da RTP-H2

O efeito da quantidade de Fe nas propriedades redox dos sólidos yFe-ZrO2 é examinado através da redução programada da temperatura utilizando hidrogénio. Os resultados obtidos são apresentados na Figura 37 e na Tabela 21.

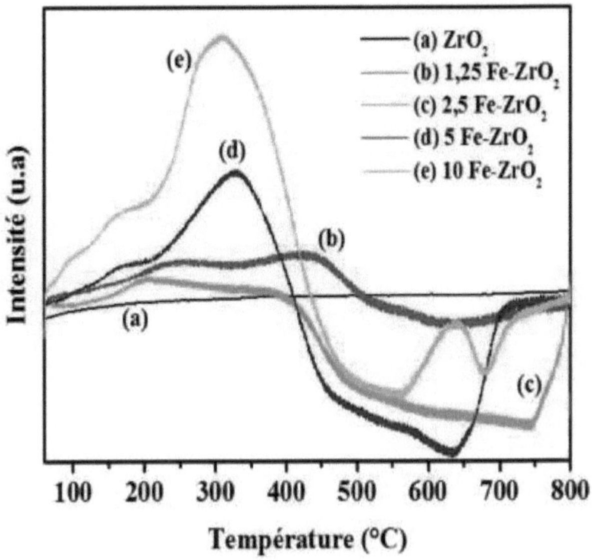

Figura 37. Perfis RTP-H2 dos suportes de aerogel yFe-ZrO2.

Vários estudos [52-57] mostraram que a redução das espécies de ferro ocorre geralmente nas seguintes fases:

$$Fe_2O_3 \rightarrow Fe_3O_4 \rightarrow FeO \rightarrow Fe$$

$$3Fe_2O_3 + H_2 \rightarrow 2Fe_3O_4 + H_2O \ (1)$$

$$Fe_3O_4 + H_2 \rightarrow 3FeO + H_2O \ (2)$$

$$FeO + H_2 \rightarrow Fe + H_2O \ (3)$$

Os perfis RTP-H2 dos suportes do catalisador yFe-ZrO2 (Fig. 37) mostram vários picos de redução a baixas temperaturas que podem ser atribuídos à redução de diferentes espécies de ferro (ver Tabela 21). É provável que a natureza e as interações destas espécies com a zircónia sejam afectadas pelo teor de ferro. F.G.E. Nogueira et al [57] estudaram as propriedades redox do ferro suportado em montmorilonite e relataram que a interação entre o Fe e o suporte influencia a natureza das espécies de ferro.

Tabela 21. Resultados da análise RTP-H2 dos suportes yFe-ZrO2.

Amostras	*Temperatura de pico*	*Afetação às reduções correspondentes*	W. *Biblio.*
1,25Fe-ZrO2	240 °C e 447 °C	^ Fe2Ü3 FesÜ4	[53,58]
2,5Fe-ZrO2	194°C e 397°C	Fe2Ü3^Fe3O4	[51,59]
5Fe-ZrO2	164 °C e 328 °C	Fe2Ü3^Fe3Ü4	[49]
10Fe-ZrO2	91 °C, 160 °C e 309 °C	Fe2Ü3 ^ Fe3Ü4	[48-49]
	638 °C	Fe3Ü4 > FeO ^ Aglomerados de Fe3Ü4 > Fe0	[49]

Estes resultados mostram que a adição de ferro leva à formação de sítios redox na superfície do ZrO_2.

III. 4. 1. 5 Análise por DTP-NH3

As curvas DTP-NH3 obtidas nos sólidos ZrO2 e yFe-ZrO2 são mostradas na Figura 38.

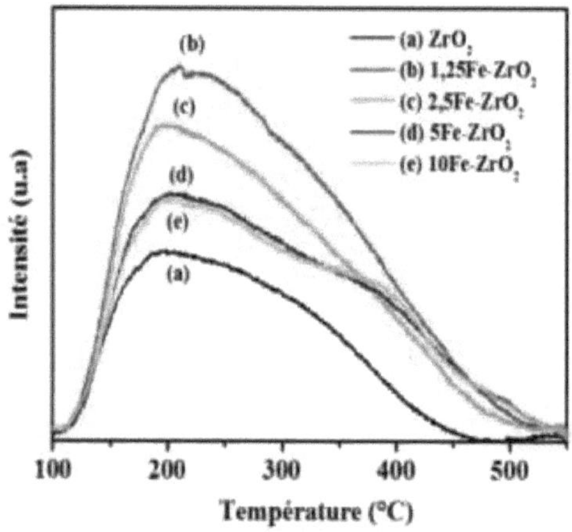

Figura 38. Perfis DTP-NH3 dos suportes de aerogel de ZrO2 e yFe-ZrO2.

A análise desta figura mostra que a acidez total da zircónia aumenta com a adição de ferro. De facto, a acidez mais elevada é obtida para 1,25 wt% Fe [34-38], e depois diminui com o aumento da quantidade de ferro. Isto pode dever-se a interações entre as espécies de ferro e a zircónia que afectam as propriedades ácidas dos aerogéis de yFe-ZrO2.

A modificação da acidez de vários sólidos (Fe-Mn-Ce/TiO2, Fe-MCM-41, Fe-ZSM-5, *FexCuxSiBEA* e *FexCuxHAlBEA*) pela adição de Fe foi relatada em muitos trabalhos anteriores [60-64].

III.4.2 Caracterização dos catalisadores Ag/ZrO2 e Ag/yFe-ZrO2

III.4.2.1 Estudo XRD

Os difractogramas de raios X dos catalisadores Ag/yFe-ZrO2 (Figura 39) são semelhantes aos dos suportes yFe-ZrO2 (Figura 33), pelo que a presença de prata não afecta a estrutura dos catalisadores. É importante notar que a ausência de picos relativos à prata metálica e aos óxidos de Ag para os catalisadores Ag/yFe-ZrO2 revela uma boa dispersão das espécies de prata, o que se deve provavelmente às interações entre a prata e o ferro. Observa-se um pico fraco para a prata metálica a $2\theta = 38, 1°$ (111) (PDF 65-2871)) no difractograma de raios X do sólido Ag/ZrO2.

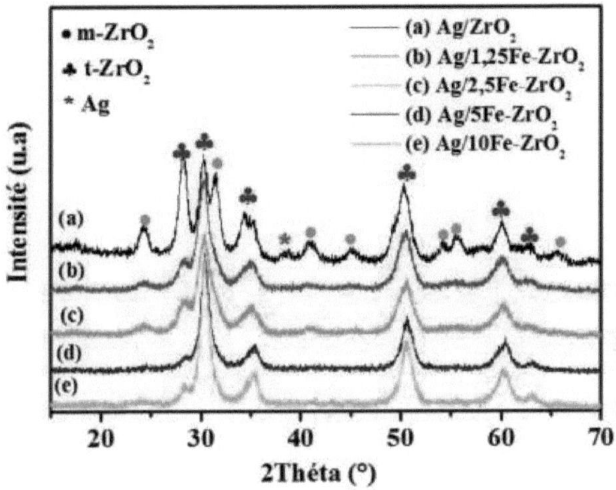

Figura 39. Difragtogramas de raios X dos catalisadores Ag/yFe-ZrO2.

III.4.2.2 Análise por fisissorção do azoto a 77 K

As isotérmicas de adsorção-dessorção de N2 e as curvas de distribuição de poros para os catalisadores Ag/yFe-ZrO2 são apresentadas nas Figuras 40 e 41, respetivamente.

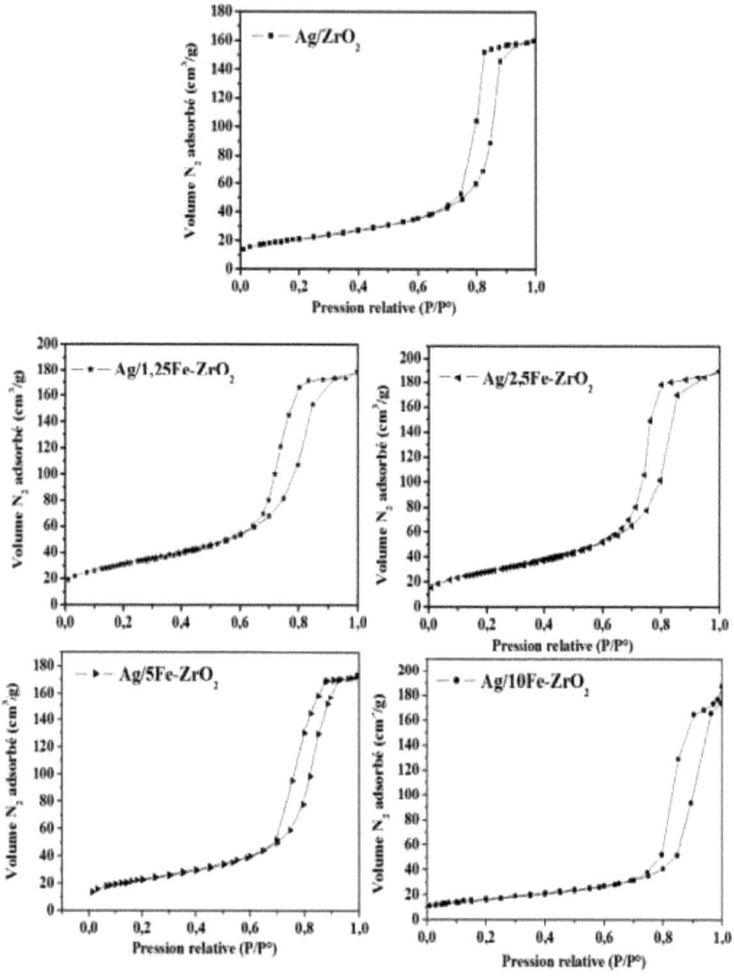

Figura 40: Isotérmicas de adsorção-dessorção de N2 para catalisadores Ag/yFe-ZrO2.

Os sólidos Ag/yFe-ZrO2 apresentam isotérmicas do tipo IV (Figura 40) e laços de histerese do tipo H1 (Figura 40). São mesoporosos com poros cilíndricos.

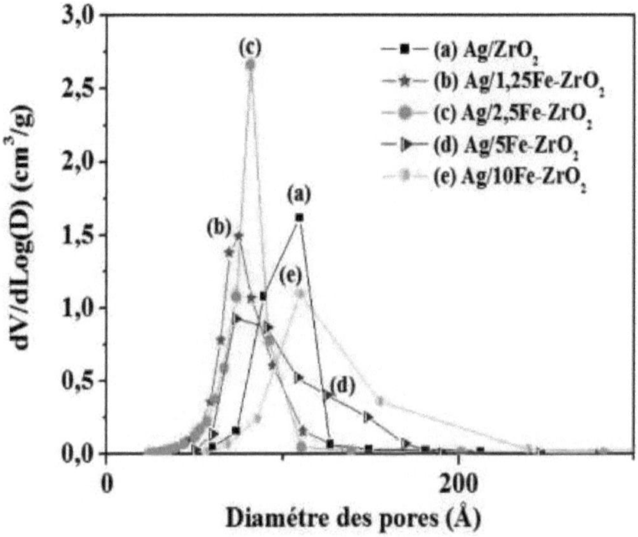

Figura 41. Curvas de distribuição de poros para os catalisadores Ag/ZrO2 e Ag/yFe-ZrO2.

As propriedades texturais dos materiais Ag/yFe-ZrO2 são apresentadas na Tabela 22.

Tabela 22. Resultados da análise dos catalisadores 2Ag/yFe-ZrO2 por fisissorção de N2.

Amostras	*SBET (m².gl*	*Vp (cmA-gg*	*Dmoy(Å)*
2AgZrO₂	76	0,24	97
2Ag1,25Fe-ZrO₂	112	0,27	84
2Ag2,5Fe-ZrO₂	105	0,29	87
2Ag5Fe-ZrO₂	84	0,26	116
2Ag/10Fe-ZrO2	59	0,26	161

< A comparação dos valores apresentados neste quadro com os do quadro 20 mostra que a adição de prata não afecta as propriedades texturais dos suportes de aerogel para uma quantidade de ferro de 2,5 % em peso. > No entanto, uma diminuição da área de superfície específica com a adição de uma quantidade de ferro de 5 % em peso. Este facto deve-se provavelmente ao bloqueio dos poros dos sólidos pelas espécies de ferro e prata.

III. 4. 2. 3 Estudo por espetroscopia UV-Visível

Os espectros UV-visível dos catalisadores Ag/ZrO2 e Ag/yFe-ZrO2 são apresentados na Figura 42.

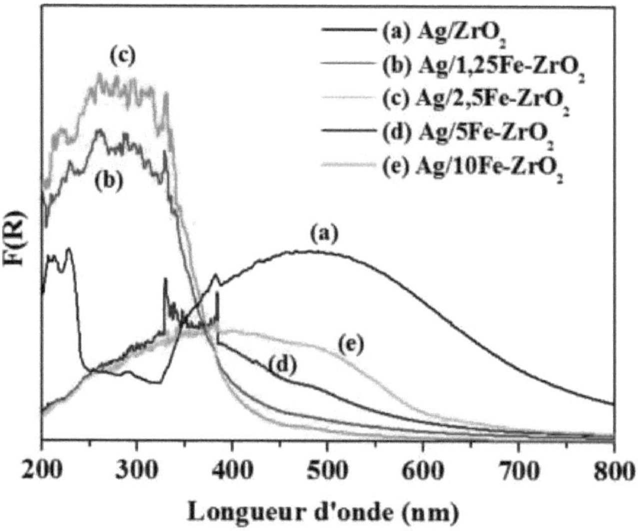

Figura 42. Espectros UV-Vis dos catalisadores Ag/ZrO2 e Ag/yFe-ZrO2.

Com base nesta figura e na Tabela 23, podemos sugerir a presença (em todos os catalisadores) das seguintes espécies: + +Fe3+, Ag e $Ag^{s}{}_{n}$; que absorvem a $\lambda < 300$ nm [46], 210 nm < λ <240 nm [28,30,31] e 290 nm < λ < 390 nm [25,28,31], respetivamente. +> Aglomerados de $Ag^{s}{}_{(n)}$ (que absorvem a 390 nm [31]) e Ag_n (que absorvem a 480 nm [31,65]), aglomerados de FexOy e agregados de óxido de ferro Fe2O3 (que absorvem para λ 390 nm) estão presentes apenas no caso das amostras Ag/5Fe-ZrO2 e Ag/10Fe-ZrO2.

Tabela 23. Bandas UV-vis para as espécies Zr, Fe e Ag de acordo com a literatura.

Espécies	*Natureza da banda de absorção*	*Comprimentos de onda*	*Referências*
Zr	2 2 2 /z-\2- 4+ 4+\ transferência de carga (O ^ Zr)	200 e 250 nm	[7,8]
Fe	Fe (III) pseudo-tetraédrico	247 e 845 nm	[66]
	iões Fe<$O^{(2-)}Fe^{3+}$ isolados em coordenação octaédrica e tetraédrica	< 300 nm	[46]
	agregados de óxido de ferro (a-Fe_2O_3)	440-550 nm	[46-47]
	agregados de óxido de ferro (a-Fe_2O_3)	>400 nm	[46-47]
Ag	transição d-d ($4d^{10}$-$4d^{9}5s^{1}$) do Ag^{+}	210-240 nm	[28,30,31]
	Ag^n aglomerados	275 nm	[25,28,31]
	Agregados ou aglomerados metálicos de Ag	350 e 450 nm	[31,61]

III. 4. 2. 4 Análise da RTP-H2

As curvas RTP-H2 obtidas nos catalisadores Ag/yFe-ZrO2 (em que: y = 0; 1,25 ; 2,5; 5 e 10% wt.) são apresentados na Figura 43.

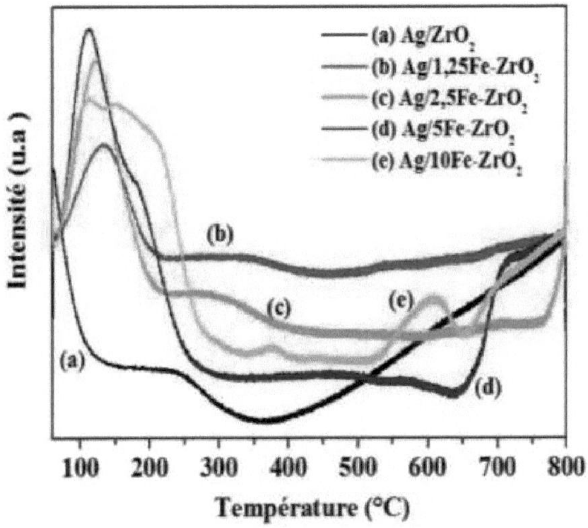

Figura 43. Resultados do RTP-H2 nos catalisadores Ag/ZrO2 e Ag/yFe-ZrO2.

Os perfis RTP-H2 dos catalisadores Ag/yFe-ZrO2 mostram picos entre 50 e 300°C que podem ser atribuídos à redução da prata e das espécies de ferro oxidadas [25,28,67,68]. A comparação destes resultados com os dos suportes yFe-ZrO2 (fig. 37) mostra que a redução do ferro ocorre a temperaturas mais baixas na presença de Ag. Isto pode dever-se interações entre a prata e as espécies de ferro [63]. X. Zhang et al [68] referiram que a adição de Ag enfraquece as ligações Fe-O em Ag/Fe2O3 porque existem interações entre o oxigénio e a prata que permitem redução do ferro a temperaturas mais baixas.

III. 4. 2. 5 Estudo DTP-NH3

As curvas DTP-NH3 para os catalisadores Ag/yFe-ZrO2 são apresentadas na Figura 44.

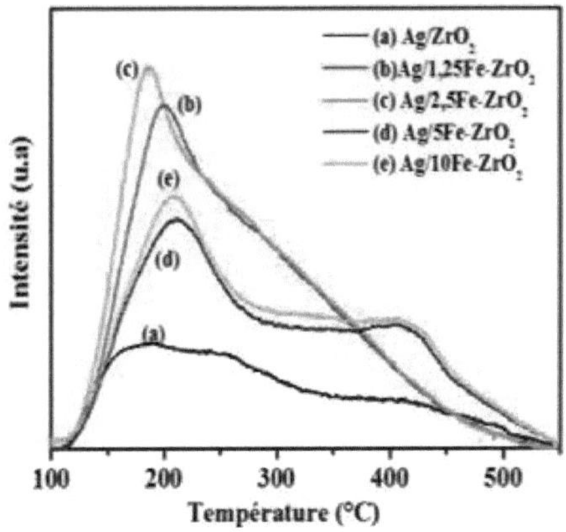

Figura 44. Resultados do DTP-NH3 para os catalisadores Ag/ZrO2 e Ag/yFe-ZrO2

A comparação destes resultados com os dos sólidos de yFe-ZrO2 (Fig. 38) mostra que são criados novos sítios de ácido forte na superfície dos catalisadores Ag/5Fe-ZrO2 e Ag/10Fe-ZrO2 (entre 400 e 500°C) após a adição de Ag. Assim, a presença de espécies de prata afecta a acidez dos catalisadores Ag/yFe-ZrO2.

III.4.3 Efeito do teor de Ag nas propriedades físico-químicas dos catalisadores xAg/5Fe-ZrO2

III.4.3.1 Análise XRD

Os difractogramas de XRD dos catalisadores xAg/5Fe-ZrO2 (x= 0,5, 2, 2,5 e 3% wt.) são apresentados na Figura 45.

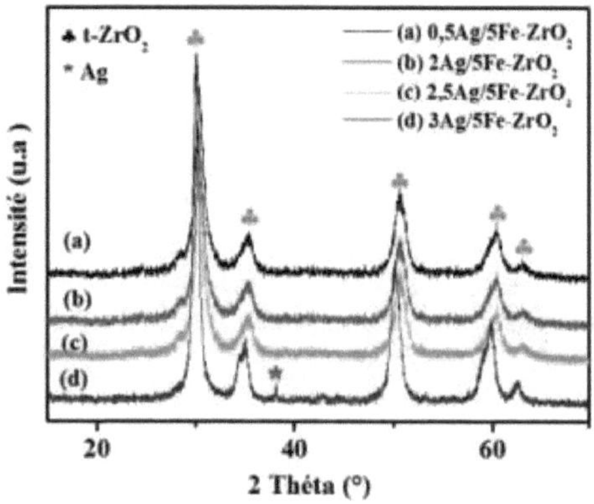

Figura 45. Difractogramas de raios X dos catalisadores xAg/5Fe-ZrO2.

Os catalisadores xAg/5Fe-ZrO2 apresentam linhas de fase tetragonal e 2θ = 30,33° (101), 34,67° (002), 50,37° (112), 60,09° (211), 62,57° (202) [PDF 79-1769] e a fase monoclínica a 2θ = 24,38° (110), 28,26° (-111), 31,56° (111), 41,07° (102), 45,21° (202), 54,09° (300), 55,60 (130) e 65,68° (320) [PDF 89-9066]. Estes deixam de existir para uma quantidade de Ag = 3% wt, o que confirma a estabilização da fase tetragonal do ZrO2 pela presença de Ag. Um pico fraco é observado a 2θ = 38,1° (111) (PDF 65-2871) para o sólido 3Ag/5Fe-ZrO2, devido à formação de uma quantidade muito pequena de prata metálica.

III.4.3.2 Estudo de physisorption do azoto

As isotérmicas de adsorção-dessorção de N2 e as curvas de distribuição dos poros para os catalisadores xAg/5Fe-ZrO2 (Figuras 46 e 47) mostram que todas as isotérmicas são do tipo IV e os laços de histerese são do tipo H1.

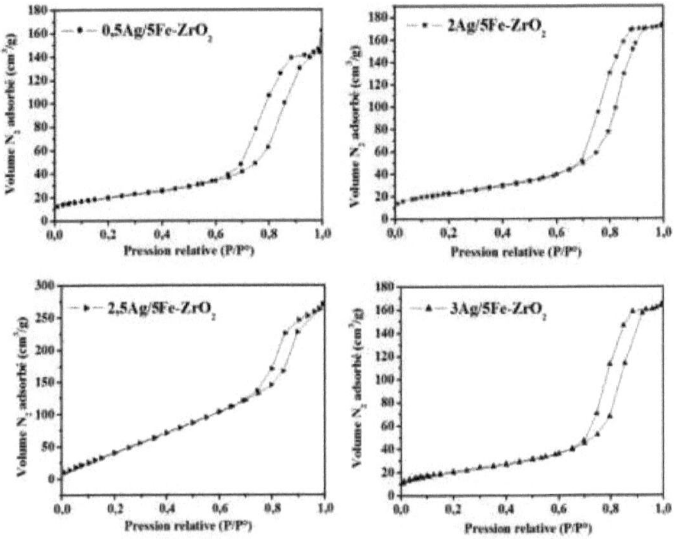

Figura 46: Isotérmicas de adsorção-dessorção de N2 para catalisadores xAg/5Fe-ZrO2

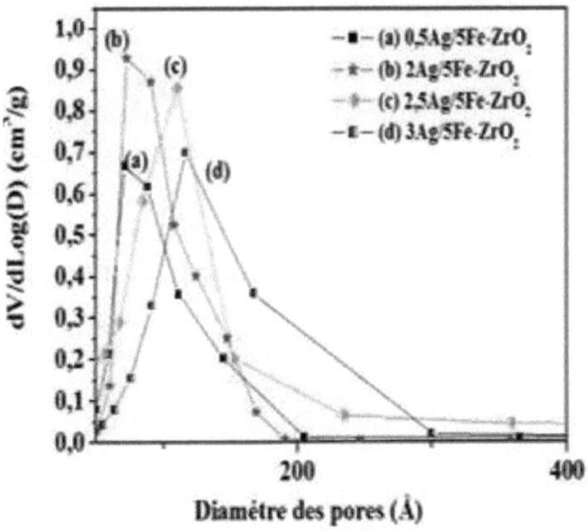

Figura 47. Curvas de distribuição de poros para catalisadores xAg/5Fe-ZrO2.

> > Os resultados da Tabela 24 mostram que os catalisadores xAg/5Fe-ZrO2 (x= 0,5; 2; 2,5 e 3 % wt.) são caracterizados por uma grande área de superfície específica (SBET 70 cm^2/g) e uma grande porosidade (Vp 0,25 cm^3/g).

Tabela 24. Resultados da análise dos catalisadores xAg/5Fe-ZrO2 por N2

Amostras	*SBET* $(m^2.g'_1$	*Vp (cnr.-g)*	*Dmoy (Å)*
0,5Ag/5Fe-ZrO2	70	0,25	119
2Ag5Fe-ZrO₂	84	0,26	116
2,5Ag5Fe-ZrO₂	160	0,40	66
3Ag/5Fe-ZrO2	74	0,25	119

III.4.3.3 Estudo por espetroscopia UV-Visível

Os resultados da análise dos catalisadores xAg/yFe-ZrO2 por espetroscopia UV-visível são apresentados na Figura 48.

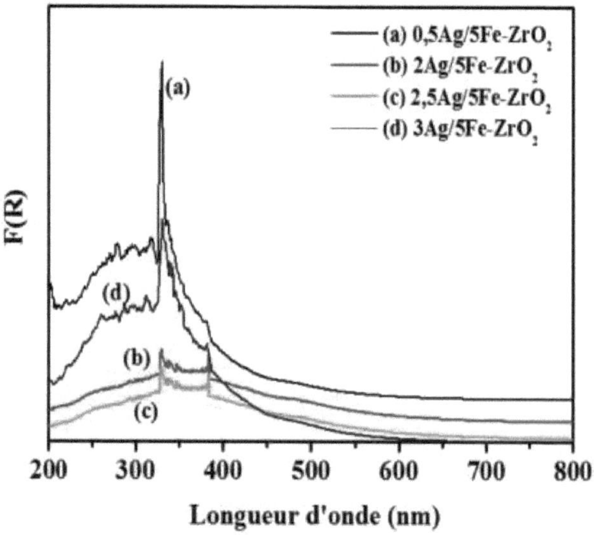

Figura 48. Espectros UV-Vis dos catalisadores xAg/5Fe-ZrO2.

A Figura 48 mostra que os catalisadores exibem bandas de absorção entre 200 e 500 nm, revelando a presença de diferentes espécies de prata e ferro na superfície dos catalisadores xAg/5Fe-ZrO2 (Tabela 25).

Tabela 25. Bandas UV-Visível observadas nos espectros dos sólidos xAg/5Fe-ZrO2.

Amostras	*Comprimentos de onda (nm)*	*Atribuição de bandas*	*Ref*
xAg/5Fe-ZrO2	< 300 nm 210-240 nm	$Fe<O^{2-}$ de iões Fe^{3+} isolados em coordenação octaédrica e tetraédrica transição d-d ($4d^{10}$-$4d^{9}5s1$) do Ag^{+}	[46] [28,30,31]
	290, 330 e 380 nm	$\circ^{+}$Diferentes agregados ou grupos de Ag_{n}	[25,28,31]

III. 4. 3. 4 Estudo RTP-H2

O estudo do efeito do teor de Ag nas propriedades redox dos catalisadores xAg/5Fe- ZrO2 conduz aos resultados apresentados na Figura 49.

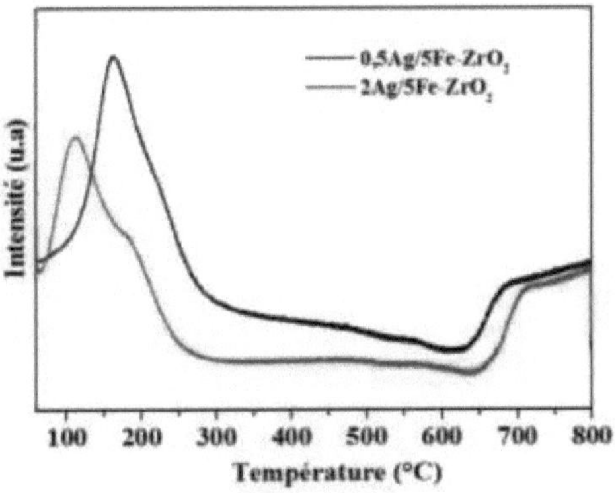

Figura 49: Resultados do RTP-H2 para sólidos xAg/5Fe-ZrO2.

A análise destas curvas mostra que a redução do ferro e da prata é influenciada pela quantidade de Ag: ocorre a temperaturas mais baixas quando a quantidade de Ag aumenta, o que se deve provavelmente às interações entre o ferro e a prata, K. Narasimharao et al [44] relataram resultados semelhantes que mostraram uma diminuição da temperatura de redução do ferro pela adição de Ag a um sistema Ag-Fe2O3.

111.5. Conclusão

Os resultados obtidos neste capítulo mostram que :

* A zircónia preparada pelo método Sol-Gel é caracterizada por uma estrutura que contém a fase monoclínica estável e a fase tetragonal metaestável do ZrO2, uma elevada área de superfície específica e um elevado volume de poros (SBET = 107 $m^2.g^{-1}$ e Vp = 0,33 $cm^3.g^{-1}$).

* Adição de M (M= Ce ou Fe):

- Estabiliza a fase tetragonal do zircónio.
- Conduz a aerogéis de M-ZrO2 caracterizados por : SBET > 72 $m^2.g^{-1}$ e Vp > 0,21 $cm^3.g^{-1}$
- Permite a formação de sítios ácidos e redox na superfície de sólidos *de M-ZrO2*

* O aumento do teor de M tem os seguintes efeitos:

- Reduzir a área superficial específica do M-ZrO2 devido ao bloqueio de certos poros por espécies M.
- Influenciam a natureza e a dispersão das espécies de M.
- Modificação das propriedades ácidas e redox dos suportes de catalisadores *M-ZrO2*

* A adição de quantidades crescentes de Ag conduz a catalisadores Ag/yM-ZrO2 com uma estrutura de fase tetragonal ZrO2, uma área de superfície SBET específica > 59 $m^2.g^{-1}$ e um volume de poros Vp > 0,22 $cm^3.g^{-1}$. Também permite:

- A formação de espécies de prata na superfície dos aerogéis yM-ZrO2 é afetada pela natureza e quantidade de M e pelo teor de Ag.
- Uma transformação da acidez da superfície e uma melhoria das caraterísticas redox dos catalisadores Ag/yM-ZrO2, muito provavelmente devido às interações entre Ag e M.

III. 6. Referências

1. J. Arfaoui, A. Ghorbel, C. Petitto, G. Delahay, *Novo catalisador de aerogel nanoestruturado V2O5-CeO2-TiO2-SO4²⁻ para a redução catalítica selectiva a baixa temperatura de NO por NH3 em excesso de O2*, Appl Catal B Environ. 224 **(2018)** 264-275.
2. C. Gannoun, R. Delaigle, D. P. Debecker, P. Eloy, G. Ghorbel, E. M. Gaigneaux,

materiais mesoporosos V2O5-TO2 derivados de Solgel como catalisadores para a oxidação total do clorobenzeno, Catal. Comm. 15 **(2011)** 1-5.

3. Centro de tecnologia Rescoll, ficheiro técnico sobre o processo Sol-Gel.
4. Dr. Ir. François Collignon, CER TECH, Sol-Gel: química suave para a inovação **(2011).**
5. W. Khaodee, N. Tangchupong, B. Jongsomjit, P. Praserthdam e S. Assabumrungrat. *Um estudo sobre a isossíntese através da hidrogenação de CO sobre catalisadores de óxidos mistos ZrO2-CeO$_2$.* Catal Commun. 10 **(2009)** 494-501.
6. V. Solinas, E. Rombi, I. Ferino, M. G. Cutrufello, G. Colon e J. A. Navio. *Preparação, caraterização e atividade de catalisadores CeO2-ZrO2 para a desidratação de álcool.* J Mol Catal A Chem. 204-205 **(2003)** 629-635.
7. Z. Guerra-Que , G. Torres-Torres, H. Pérez-Vidal, I. Cuauhtémoc-Lopez, A. Espinosa de los Monteros, J. N. Beltramini, D. M. Frias-M'arquez, *Silver nanoparticles supported on zirconia-ceria for the catalytic wet air oxidation of methyl tert-butyl ether.* RSC Adv. 7 **(2017)** 3599-3610.
8. S. Mallick, S. Rana e K. Parida, *Um método fácil para a síntese de zircónia mesoporosa funcionalizada com amina modificada com cobre e a sua avaliação catalítica na reação de acoplamento C-S*, Dalton Trans. 40 **(2011)** 9169-9175.
9. E. G. Heckert, A. S. Karakoti, S. Seal, W.T. Self, *The role of cerium redox state in the SOD mimeticactivity of nanoceria*, Biomaterials 29 **(2008)** 2705-2709.
10. G. Rao. e H. Zahu, *XRD e análise de reflectância difusa UV-Vis de soluções sólidas de CeO2-ZrO2 sintetizadas pelo método de combustão*, Proc. Indian Acad. Sci. (Chem. Sci.) 11 **(2001)** 651-658.
11. C. Gannoun, R. Delaigle, D.P. Debecker, P. Eloy, G. Ghorbel, E.M. Gaigneaux, *Efeito do suporte na atividade catalítica do V2O5 na oxidação do clorobenzeno*, Appl. Catal. A: Geral 447-448 **(2012)** 1-6.
12. S. Ardizzone, M. G. Cattania e P. Lugo: *Interfacial electrostatic behaviour of oxides: Correlations with structural and surface paramaters of the phase*, Electrochim. Ata.39 (11/12) **(1994)** 1509-1517.
13. S. Ardizzone, C. L. Bianchi, M. Signoretto, *estado químico da superfície de Zr_(IV) e caraterísticas ácidas de amostras de zircónia sulfatada*, Appl. Surf. Sci. 136 **(1998)** 213-220.
14. M. Piumetti, S. Bensaid, N. Russo, D. Fino. *Catalisadores nanoestruturados à base de céria para a combustão de fuligem: investigações sobre a sensibilidade da superfície*. Appl Catal B Environ. 165 **(2015)** 742-751.
15. S. Wu, Y. Yang, C. Lu, Y. Ma, S. Yuan, G. Qian, *oxidação de fuligem sobre CeO2 ou Ag/CeO2. influências de vagas de oxigénio a granel e vagas de oxigénio de superfície na atividade e estabilidade do catalisador.* **(2018).** https://doi.org/10.1002/ejic.201800423
16. X. Wu, L. Xu, D. Weng. *A estabilidade térmica e o desempenho catalítico dos catalisadores para automóveis Rh-Pd/g-Al2O3 promovidos por Ce-Zr.* Appl Surf Sci. 221 **(2004)** 375-383.
17. X. Deng, M. Li, J. Zhang, X. Hu, J. Zheng, N. Zhang, B. H. Chen, *Constructing nanostructure on silver/ceria-zirconia towards highly active and stable catalyst for soot oxidation*, Chem. Eng. J 313 **(2017)** 544-555.
18. Z. Yan'e, X. Zhu, H. Yang, W. Zua, K. Li, Y. Wang ,Y. Wei . *Caraterísticas do transportador de oxigénio macroporoso CeO2-ZrO2 para a reforma química do metano a vapor.* J Rare Earth. 32(9) **(2014)** 842-848.
19. S. Aouad, *Etude des propriétés physico-chimiques et catalytiques des solides à base de*

ruthénium : applications dans des réactions d'intérêts environnementaux : oxydation des suies, des COV et vaporeformage du méthanol, PhD thesis **(2007)** Université du Littoral Côte d'Opale, France.
20. E. Abi-Aad, *Préparations, caractérisations et aspects catalytiques d'oxydes ternaires à base de cuivre, aluminium et cérium,* Tese de doutoramento **(1996)** Université du Littoral Côte d'Opale, França.
21. S. Liu, X.D. Wu, W. Liu, W.M. Chen, R. Ran, M. Li, D. Weng, *Oxidação de fuligem sobre CeO2 e Ag/CeO2: Factores que determinam a atividade e estabilidade do catalisador durante a reação*, J. Catal. 337 **(2016)** 188-198.
22. H.C. Yao, e Y.F.Y. Yao, *Ceria in automotive exhaust catalysts: I. Oxygen storage*, J. Catal. 86 **(1984)** 254-265.
23. F. Ying F, S. J Wang, C. T Au e S.Y. Lai, *catalisadores mesoporosos Au/CeO2 altamente activos e estáveis preparados a partir de MCM-48 hard-template*, Microporous Mesoporous Mater. 42 **(2011)** 308-315.
24. S. mamura, H. Yamada, K. Utani, *Atividade de combustão do catalisador composto Ag/CeO2*, Appl. Catal. A: General, 192 **(2000)** 221-226.
25. Z. Qu , F. Yu, X. Zhang, Y. Wang, J. Gao. *Efeitos de suporte na estrutura e atividade catalítica de catalisadores mesoporosos Ag/CeO2 para a oxidação de CO.* Chem Eng J 229 **(2013)** 522-532.
26. J. Arfaoui, L. K Boudali, A. Ghorbel, G. Delahay . *Influência da natureza da fonte de titânio e do teor de vanádio nas propriedades da montmorilonite com pilares de titânio*. J Phys Chem Sol. 69 **(2008)** 1121-1124.
27. W. H. Shen, X. P. Dong, Y. Zhu, H. R Chen, J. L. Shi, *CeO2 mesoporoso e CeO2 mesoporoso carregado com CuO: síntese, caraterização e propriedades de oxidação catalítica do CO,* Microporous Mesoporous Mater. 85 **(2005)** 157-162.
28. L. Ma, D. Wang ,J. Li, B. Bai , L. Fu, Y. Li, *nanoesferas Ag/CeO2: catalisadores eficientes para a oxidação de formaldeído*, Appl. Catal. B: Environ 148-149 **(2014)** 36-43.
29. J. Arfaoui, *Synthèse et caractérisation de Montmorillonites pontées au Titane et Dopées au Vanadium : Application catalytique à la réduction sélective de NO par NH3 et à l'époxydation des alcools allyliques*, PhD thesis (**2010),** Faculté des Sciences de Tunis, Tunisie.
30. K. A Bethke, H. H Kung, *Supported Ag Catalysts for the Lean Reduction of NO with C3H6*. J Catal. 172 **(1997)** 93-102.
31. L. Kundakovic, M. Flytzani-Stephanopoulos, *Deep oxidation of methane over zirconia supported Ag catalysts,* Appl. Catal. A: Gen. 183 **(1999)** 35-51.
32. J. Zhang, L. Li, X. Huang, G. Li. *Fabrico de nanoesferas Ag-CeO2 core-shell com desempenho catalítico melhorado devido ao reforço das interações interfaciais*. J Mater Chem. 22 **(2012)** 10480-10487.
33. S. Scire, P. M Riccobene, C. Crisafulli, *Ceria supported group IB metal catalysts for the combustion of volatile organic compounds and the preferential oxidation of CO*, Appl. Catal. B: Environ. 101 **(2010)** 109-117.
34. X. Deng, M. Li, J. Zhang, X. Hu, J. Zheng, N. Zhang, B. H. Chen, *Construção de nanoestrutura em prata/ceria-zircónia para um catalisador altamente ativo e estável para a oxidação da fuligem*, **(2016)** http://dx.doi.org/10.1016/j.cej.2016.12.088.
35. C. Petitto H. P. Mutin, G. Delahay. *Ativação hidrotérmica de catalisadores de alumina suportados em prata preparados pelo método sol-gel: Aplicação à redução catalítica*

selectiva (SCR) de NOx por n-decano. Appl. Catal. B. 134-135 **(2013)** 258-264.
36. J. Arfaoui, K. L Boudali, A. Ghorbel. *Epoxidação catalítica de álcool alílico (E)-2-Hexen-1-ol sobre vanádio suportado em catalisadores de montmorilonite com pilares de titânio não sulfatados e sulfatados: Efeito de grupos de sulfato e carga de vanádio*. Appl Clay Sci. 48 **(2010)** 171-178.
37. J. Arfaoui, K. L. Boudali, A. Ghorbel, G. Delahay, *Caracterização e desempenho catalítico do vanádio suportado em catalisadores de Ti-PILC sulfatados emitidos a partir de diferentes precursores de Ti- na redução catalítica selectiva de óxido de azoto por amoníaco*. J Mater Sci, 44 **(2009)** 6670-6676.
38. J. Arfaoui, K. L. Boudali, A. Ghorbel , D. Delahay. *Efeito do vanádio no comportamento de catalisadores de argila Ti-pillared não sulfatados e sulfatados na SCR de NO por NH_3*. Catal Today. 142 **(2009)** 234-238
39. L. Chmielarz, M. Zbroja, P. Kuretrowski, B. Dudek, A. Rafalska-£asocha e R. Dziembaj, *PILLARED MONTMORILLONITES MODIFIED WITH SILVER Temperature programmed desorption studies*, Journal of Thermal Analysis and Calorimetry, 77 **(2004)** 115-123.
40. S. Z. Todorova, H. G. Kolev, M. G. Shopska, G. B. Kadinov, J. P. Holgado, A. Caballero. *Catalisadores à base de prata para a oxidação preferencial de CO em gases ricos em hidrogénio (PROX)*. Bulg Chem Commun. 50 **(2018)** 17-23.
41. Y. E Sung, W.Y. Lee, H. K Rhee, H. I Lee, *O efeito do oxigénio na quimisorção na superfície de prata policristalina*. Kor J Chem Eng. 6 **(1989)** 300-305
42. L. Kongzhai, W. Hua , W. Yonggang, L. Mingchun. *Desempenho catalítico dos óxidos complexos de ferro e cério para a oxidação parcial do metano em gás de síntese*, J. Rare EARTH. 26 **(2008)** 705-710.
43. T. Tabakova, T. F. Boccuzzi, M. Manzoli, J.W. Sobczak, V. Idakiev, D. Andreeva, *Um estudo comparativo de catalisadores de IB/ceria nanométricos para a reação de transferência de água-gás a baixa temperatura*, Appl. Catal. A 298 **(2006)** 127-143.
44. K. Narasimharao, A. Al-Shehri, S.Al-Thabaiti, *Catalisadores nanocompósitos porosos de Ag Fe2O3 para a oxidação de monóxido de carbono*, Appl. Catal. A: Gen , 505 (**2015**) 431440.
45. N. Sobana, M. Muruganadham, M. Swaminathan, *Nano-Ag particles doped with TiO2 for efficient photodegradation of Diret azo dyes*, J. Mol. Catal. A: Chem. 258 **(2006)** 124-132.
46. Y. Wang, Y. Wang, J. Cao, F. Kong, H. Xia, J. Zhang, B. Zhu, S. Wang, S. Wu, *Low-temperature H_2S sensors based on Ag-doped -Fe2O3 nanoparticles*, Sensors and Actuators B 131 **(2008)** 183-189.
47. R. Saravanan, N. Karthikeyan , V.K. Gupta, E. Thirumal, P. Thangadurai, V. Narayanan, A. Stephen, *nanocompósito ZnO/Ag: Um catalisador eficiente para estudos de degradação de efluentes têxteis sob luz visível*, Materials Science and Engineering C 33 **(2013)**2235-2244.
48. H. Y. Chen , W. M.H. Sachtler, *Activity and durability of Fe/ZSM-5 catalysts for lean burn NOx reduction in the presence of water vapor,* Catal. Today 42 **(1998)** 73-83.
49. Y. Zhong, G. Li , L. Zhu, Y,Yan, G. Wu, C. Hu, *Hidroxilação a baixa temperatura de benzeno a fenol por peróxido de hidrogénio sobre catalisador de Fe/carbono ativado*, J. Mol. Catal. A: Chem. 272 **(2007)** 169-173.
50. M. Schwidder, S. Heikens, A. D Toni, S. Geisler, M. Berndt, A. Bruckner, W. Grunert, *O papel do NO2 na redução catalítica selectiva de óxidos de azoto sobre catalisadores Fe-ZSM-5: sítios activos para a conversão de NO e de misturas NO/NO2*, J. Catal. 259 **(2008)** 96-103.

51. M. Santhosh Kumar, M. Schwidder, W. Grünert , A. Brückner, *On the nature of different iron sites and their catalytic role in Fe-ZSM-5 DeNOx catalysts: new insights by a combined EPR and UV/VIS spectroscopic approach*, J. Catal. 227 **(2004)** 384397.
52. H. J. Wan, B. S. Wu, C. H. Zhang, H. W. Xiang ,Y. W. Li, B. F. Xu, F. Yi, *Estudo da interação Fe-Al2O3 sobre catalisador de ferro precipitado para a síntese de Fischer-Tropsch*, Catal. Commun.8 **(2007)** 1538-1545.
53. H. Y. Lin, Y. W. Chen, C. Li, *O mecanismo de redução do óxido de ferro pelo hidrogénio*, Thermochim. Ata 400 **(2003)** 61-67.
54. Y. Jin e A. K. Datye, *Phase Transformations in Iron Fischer-Tropsch Catalysts during Temperature-Programmed Reduction*, J. Catal. 196 **(2000)** 8-17.
55. G. Neria, A. M Visco, S. Galvagno, A. Donato, M. Panzalorto, *Catalisadores Au/óxido de ferro: redução programada por temperatura e caraterização por difração de raios X*, Thermochimi. Ata 329 **(1999)** 39-46.
56. L.A. Boot, A.J.vanDillen, J.W.Geus, F.R.van Buren, *Catalisadores de desidrogenação à base de ferro suportados em zircónia. I. Preparação e Caracterização*, J. Catal. 163 **(1996)**186-194.
57. F.G.E. Nogueira, J.H. Lopes, A.C. Silva, R.M. Lago, J.D. Fabris, L.C.A. Oliveira, *Catalisadores à base de argila e óxido de ferro para oxidação de tolueno*, Appl. Clay Sci. 51 **(2011)** 385-389.
58. T. V. Barakat, V. Idakiev, R. Cousin, G. S. Shao, Z. Y. Yuan, T. Tabakova, S. Siffert, *Oxidação total de tolueno sobre óxidos de titânio dopados com Ce, Fe e Ni à base de metais nobres*, **(2013)** http://dx.doi.org/10.1016/j.apcatb.2013.05.064 .
59. H. C. Wang, H. S. Liang, M. B. Chang, *oxidação de clorobenzeno usando ozono sobre óxido de ferro e catalisadores de óxido de manganês*, J. Hazard. Mater.186 **(2011)** 1781-1787.
60. S. S. Masiero, N. R. Marcilio, O. W. Perez-Lopez, *Aromatização de metano sobre catalisadores Mo-Fe/ZSM-5*, Catt. Lett 131 **(2009)** 194-202.
61. B. Shen, T. Liu, N. Zhao, X. Yang, L. Deng, *Iron-doped Mn-Ce/TiO2 catalyst for low temperature selective catalytic reduction of NO with NH3*, Journal of Environmental Sciences 22(9) **(2010)** 1447-1454.
62. Y. Wang, Q. Zhang, T. Shishido e K. Takehira, *Characterizations of Iron- Containing MCM-41 and Its Catalytic Properties in Epoxidation of Styrene with Hydrogen Peroxide*, J. Catal. 209 **(2002)** 186-196.
63. R. Q. Long e R. T. Yang, *Temperature-Programmed Desorption/Surface Reaction (TPD/TPSR) Study of Fe-Exchanged ZSM-5 for Selective Catalytic Reduction of Nitric Oxide by Ammonia*, J. Catal. 198 **(2001)** 20-28.
64. A. V. Vijayasankar, C. U Aniz e N. Nagaraju, *Propriedades de Superfície e a Atividade Catalítica de Aluminofosfatos de Ferro Amorfos: Efeito da Carga de Fe*, J. Korean Chem. Soc. 54 **(2010).** DOI 10.5012/jkcs.2010.54.01.131.
65. N. E. Bogdanchikova, M. N. Dulin, A. V. Toktarev, G. B. Shevnina, V. N. Kolomiichuk, V. I Zaikovskii, V. P. Petranovskii, *Stabilization of silver clusters in zeolite matrices* ,Stud. Surf. Sci. 84 **(1994)** 1067-1074.
66. P. Boron, L. Chmielarz, S. Dzwigaj, *Influência de Cu na atividade catalítica de zeólitos FeBEA em SCR de NO com NH3*, Appl. Catal. B: Environ.168-169 **(2015)** 377-384.
67. Z. Xian-wei, S. Ya-xin, C. Jiang-hao, L. Rui, W. Ni-ni, D. Wen-yi, Z. Hao, *Efeito de Ag no desempenho deNOx de SCR-C3H6 sobre catalisadores Fe/Al-PILC*, J Fuel Chem Technol, 47 **(2019)** 1368-1378.

68. X. Zhang, Y. Yang, L. Song, Y. Wang, C. He, Z. Wang, L. Cui, *Atividade catalítica elevada e estável de catalisadores Ag/Fe2O3 derivados de MOFs para a oxidação de CO*, Mol. Catal. 447 **(2018)** 80-89.

Capítulo IV

Atividade catalítica de materiais na oxidação do tolueno

IV. 1 Introdução

Na revisão da literatura sobre a reação de oxidação de COVs (capítulo I), referimos o mecanismo de oxidação de COVs em diferentes tipos de catalisadores (suportados ou não suportados). Este mecanismo, proposto por Mars e Van Krevelen, é do tipo redox [1-6] e baseia-se num ciclo de espécies de oxigénio que se deslocam entre o suporte e o gás ambiente. Especifica que o reagente é oxidado por um oxigénio presente no suporte. O suporte oxidado reduz-se então e forma um sítio vago na sua matriz, que é novamente ocupado por outro átomo de oxigénio graças a uma reação entre o suporte e o oxigénio gasoso [7].

É importante notar que os trabalhos relatados na literatura mostraram que, para além das propriedades redox do catalisador e da elevada mobilidade do oxigénio na sua superfície, as suas propriedades ácidas são necessárias para a sua atividade catalítica na oxidação de COVs [16, 8-13]. A presença de sítios ácidos permite que o COV seja sorvido na superfície do catalisador e que as ligações carbono-carbono sejam quebradas para produzir CO_2 [14].

Neste capítulo apresentamos os resultados da análise da atividade catalítica dos sólidos M-ZrO2 e Ag/M-ZrO2 na reação de oxidação do tolueno na presença de H_2O entre 200 e 550°C. Foram estudados os efeitos da natureza e da quantidade de M (M= Ce ou Fe) e o teor de prata. É apresentada uma explicação das propriedades catalíticas em função das caraterísticas físico-químicas.

IV. 2 Atividade catalítica dos sólidos y Ce-ZrO2 e Ag/yCe- ZrO2 na oxidação do tolueno.

IV.2.1 Atividade catalítica dos suportes Ce-ZrO2: efeito do teor de Ce

Os resultados das alterações na conversão do tolueno (C_6H_5-CH_3) e na concentração de CO_2 em função da temperatura nos suportes do catalisador (ZrO2 e yCe-ZrO2 com y =1,25; 2,5; 5; 10; 15; 20 e 30) são apresentados nas Figuras 50 e 51, respetivamente.

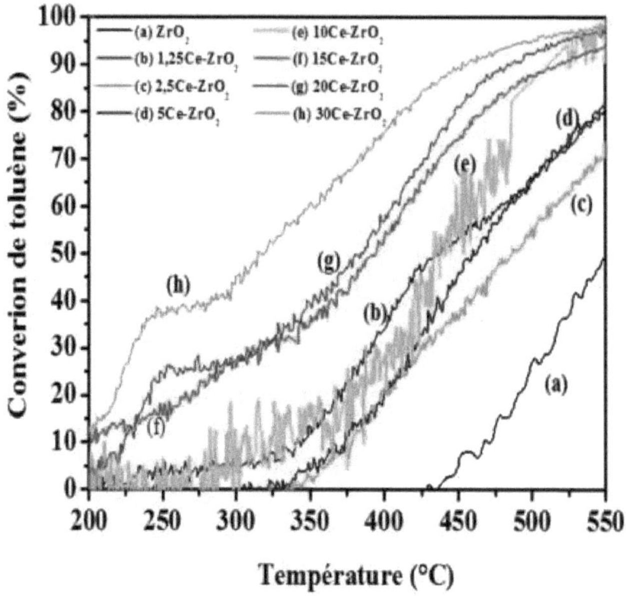

Figura 50: Conversão de tolueno em suportes catalíticos de yCe-ZrO_2.

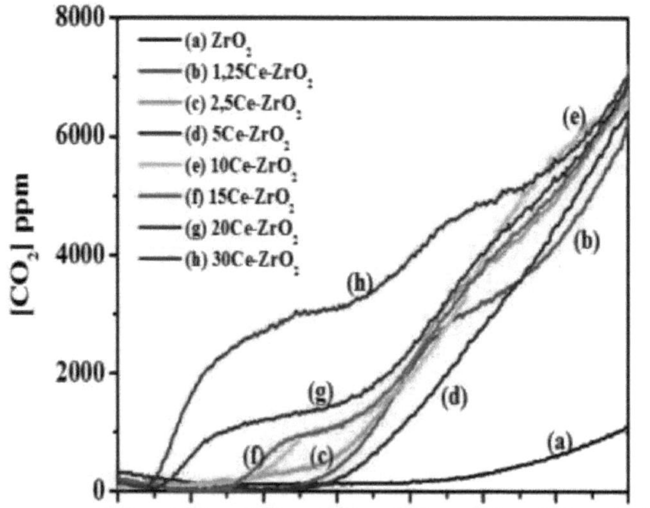

Figura 51. Concentração de CO_2 formado nos suportes do catalisador yCe-ZrO_2.

As figuras 50 e 51 mostram que o zircónio não é muito ativo na reação de oxidação do tolueno (C_6H_5-CH_3). A reação é caracterizada por uma conversão de 50% de C_6H_5-CH_3 em CO_2 a 550°C. A adição de cério aumenta a atividade catalítica. Os sólidos yCe- ZrO_2 são mais activos do que a zircónia e a sua atividade aumenta com o teor de cério e a temperatura de reação. > A conversão de tolueno em CO_2 é superior a 90% a 550°C em aerogéis de yCe-ZrO2 com um teor de cério de 10% em peso. Este aumento pode ser atribuído, de acordo com os resultados apresentados no capítulo III, à melhoria da mobilidade do oxigénio superficial e das caraterísticas ácidas e redox dos sólidos pela adição de cério. A cerina é um "reservatório de oxigénio" e possui uma elevada capacidade de transporte de oxigénio e de se deslocar facilmente entre as suas formas reduzida e oxidada (Ce^{3+}- Ce^{4+}), o que lhe confere uma tendência para fortes actividades catalíticas. Numerosos estudos mostraram que a presença de cério facilita a criação de vacâncias de oxigénio na superfície, promove a criação de novos sítios activos e melhora a atividade dos materiais na reação de oxidação C6H5-CH3 [15-20].

As taxas de conversão de tolueno mais elevadas são obtidas em sólidos que contêm grandes quantidades de Ce (% Ce > 10%), mas quando a quantidade de cério excede o valor de 10%, a seletividade de CO_2 diminui e é observado um pico de baixa intensidade, relacionado com o fragmento m/e = 43 e atribuído a um composto da família das parafinas C3-C6 [21]. Esta diferença na seletividade dos sólidos pode estar relacionada com a alteração da natureza das espécies de cério, sítios ácidos e sítios redox, à medida que a quantidade de Ce aumenta.

IV.2.2 Atividade catalítica dos sólidos Ag/yCe-ZrO2

Os resultados do ensaio catalítico de oxidação do tolueno a 200-550°C (conversão C6H5-CH3 e concentração de CO_2) em catalisadores Ag/yCe-ZrO2 (y =1,25; 2,5; 5; 10; 15; 20 e 30) são apresentados nas Figuras 52 e 53, respetivamente.

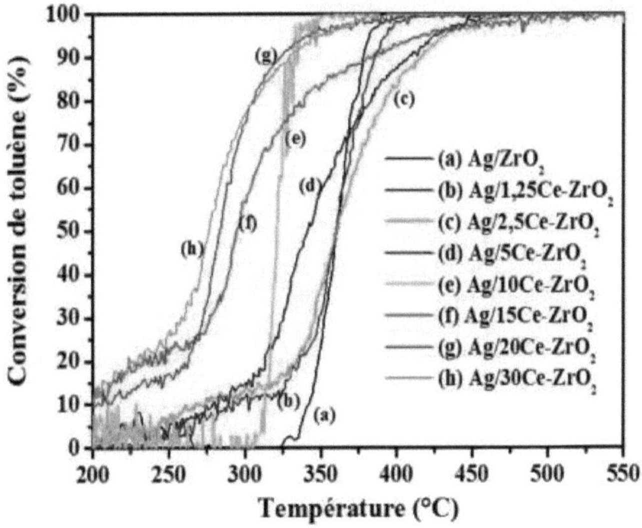

Figura 52. Conversão de tolueno sobre catalisadores Ag/yCe-ZrO2.

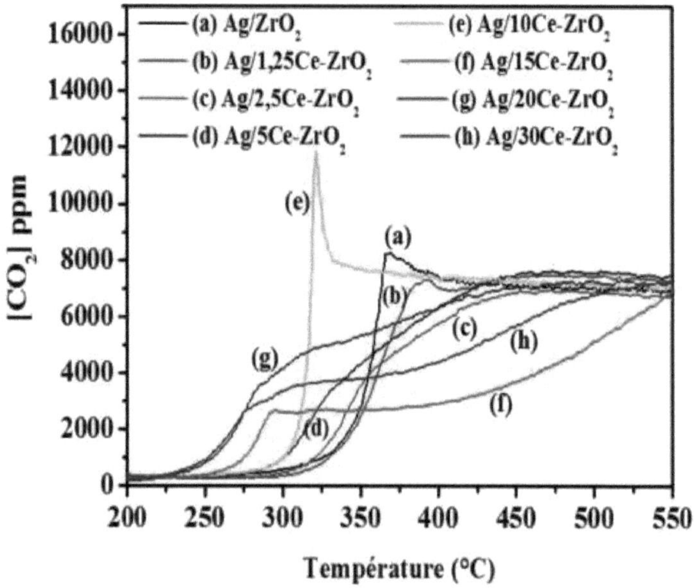

Figura 53. Concentração de CO_2 formado nos catalisadores Ag/yCe-ZrO2.

A Figura 52 mostra uma boa atividade catalítica de todas as amostras Ag/yCe-ZrO2 na oxidação do tolueno. A conversão de C6H5-CH3 aumenta com o aumento do teor de Ce e é significativamente maior no caso dos catalisadores Ag/yCe-ZrO2 em comparação com os suportes yCe-ZrO2 (Fig. 50). Este resultado mostra que a prata é muito ativa na oxidação do tolueno e está de acordo com vários estudos que também relataram um aumento da atividade catalítica após a adição de prata a diferentes suportes, tais como CeO_2, ZSM-5 e a-MnO2 [22-25].

A boa atividade catalítica dos catalisadores contendo Ag pode ser explicada pela presença de novos sítios ácidos e redox criados pela prata e, provavelmente, também pela boa mobilidade do oxigénio superficial devido às interações entre a prata e as espécies de cério. Z. Qu et al [26] estudaram o efeito da adição de Ag aos sólidos Mn/SBA-15 e mostraram que as interações entre Ag e Mn melhoram as propriedades redox dos sólidos Ag-Mn/SBA-15 e a mobilidade do oxigénio, influenciando assim a atividade catalítica destes materiais na oxidação do tolueno.

Os resultados também mostraram que a seletividade de CO_2 dos catalisadores Ag/yCe-ZrO2 depende do teor de cério. O sólido Ag/10Ce-ZrO2 dá uma seletividade total de CO_2 entre 200 e 550°C: é o catalisador com melhor desempenho com 100% de conversão C6H5-CH3 e 100% de seletividade de CO_2 entre 350 e 550°C. Para os outros catalisadores (Ag/1,25Ce-ZrO2; Ag/2,5Ce-ZrO2; Ag/5Ce-ZrO2; Ag/15Ce-ZrO2; Ag/20Ce-ZrO2; Ag/30Ce-ZrO2), foram detectadas pequenas quantidades de benzeno e um composto da família das parafinas C3-C6 a > 300°C.

+ Tendo em conta as propriedades físico-químicas do catalisador Ag/10Ce-ZrO2, podemos deduzir que a sua boa atividade catalítica se deve provavelmente à presença de aglomerados de Ag_n^s que absorvem cerca de 390 nm e/ou agregados de prata metálica Ag_n que não se formam na superfície dos outros sólidos Ag/yCe-ZrO_2 (y Φ 10).

IV.2.3 Efeito do teor de Ag na atividade catalítica dos sólidos xAg/Ce-ZrO2

De modo a compreender melhor a influência da Ag na atividade catalítica dos sólidos x Ag/Ce-ZrO2 oxidação do C6H5-CH3, testámos nesta reação uma série de catalisadores contendo quantidades crescentes de Ag (0,5, 1, 2 e 3% wt.). Os resultados obtidos são apresentados nas Figuras 54 e 55.

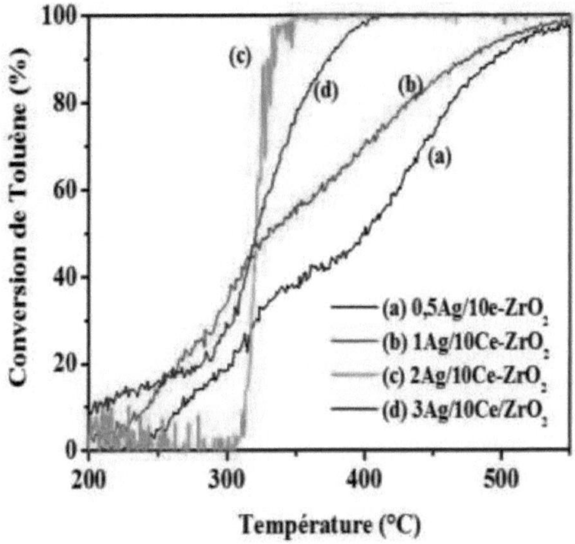

Figura 54. Conversão de tolueno sobre catalisadores xAg/10Ce-ZrO2.

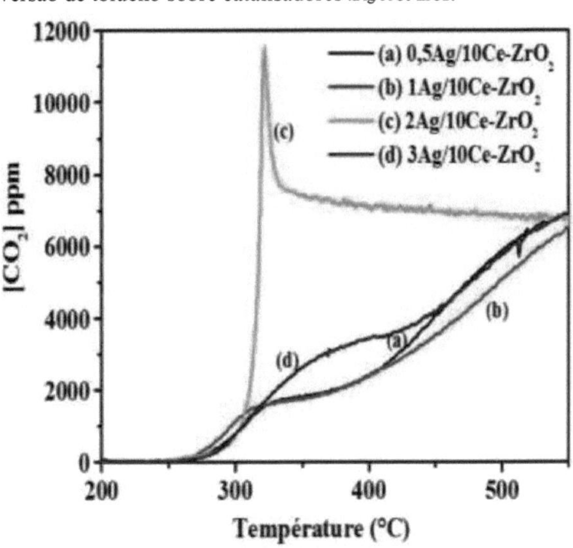

Figura 55. Concentração de CO2 nos catalisadores xAg/Ce-ZrO2.

A Figura 54 mostra que a atividade catalítica na oxidação do tolueno dos catalisadores xAg/Ce-ZrO2 aumenta com o aumento do teor de Ag até uma quantidade de 2% em peso. A conversão de C6H5-CH3 diminui entre 300 e 400°C para uma maior quantidade de Ag. Note-se que a conversão de 100% de tolueno em CO_2 é alcançada a T > 300°C e T > 400°C nos catalisadores 2Ag/Ce-ZrO2 e 3Ag/Ce-ZrO2, respetivamente. Assim, 2% wt. > Ag é a quantidade óptima de prata para a melhor atividade na oxidação do tolueno para T 300 °C.

+ Tendo em conta os resultados da análise de physisorption do azoto (Capítulo III), podemos associar o melhor desempenho catalítico da amostra 2Ag/10Ce-ZrO2 à presença de aglomerados de Ag_n^s e agregados de prata metálica Ag_n e à sua grande área superficial específica (73 $m^2.g^{-1}$), em comparação com o sólido 3Ag/10Ce-ZrO2 (55,8 $m^2.g^{-1}$)'o que permite uma boa dispersão destas espécies. Por outro lado, a ligeira diminuição da atividade catalítica observada no sólido contendo 3% em peso de Ag pode ser atribuída à formação de prata metálica na superfície deste catalisador. De facto, muitos estudos [1-2,5] atribuíram a diminuição da atividade catalítica dos catalisadores contendo Ag a uma aglomeração significativa de espécies de prata na superfície dos suportes. Outros estudos [4,27-32] revelaram o papel importante de uma boa dispersão das espécies activas na superfície do catalisador na reação de oxidação de COV. M. Skaf et al [33] concluíram que as partículas grandes do catalisador perdem o contacto com o suporte e a probabilidade de formação das espécies oxigenadas de superfície, necessárias para a oxidação dos COV.

Podemos concluir que as quantidades de cério e prata influenciam as propriedades físico-químicas dos catalisadores Ag/Ce-ZrO2 e, assim, afectam o seu desempenho catalítico na oxidação do tolueno. Obteve-se uma melhor atividade catalítica no catalisador contendo 10% em peso de Ce e 2% em peso de Ag. Obteve-se 100% de conversão de C6H5- CH3 em CO_2 neste catalisador entre 350 e 550°C.

IV. 3 Atividade catalítica dos sólidos Fe-ZrO2 e Ag/Fe-ZrO2 na oxidação do tolueno.

IV. 3. 1 Atividade catalítica dos suportes de Fe-ZrO2: Efeito do teor de Fe na atividade catalítica dos suportes de Fe-ZrO2

As alterações na conversão de C6H5-CH3 e na concentração de CO_2 em função da temperatura de reação nos suportes do catalisador yFe-ZrO2 (contendo quantidades crescentes de Fe; y = 1,25, 2,5, 5 e 10) são apresentadas nas Figuras 56 e 57, respetivamente.

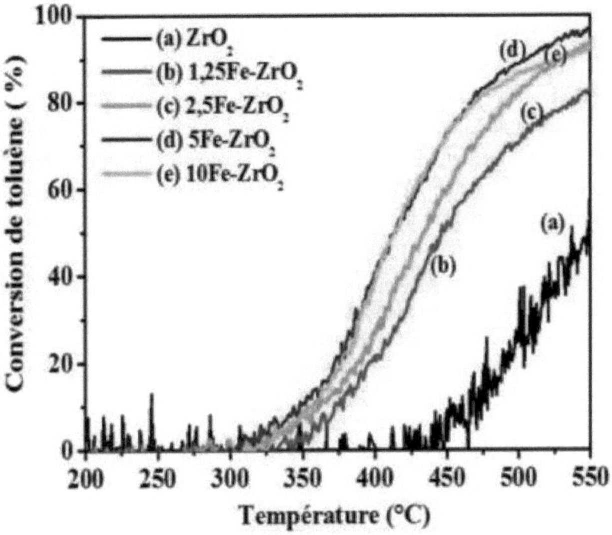

Figura 56. Conversão de tolueno em suportes catalíticos de yFe-ZrO2.

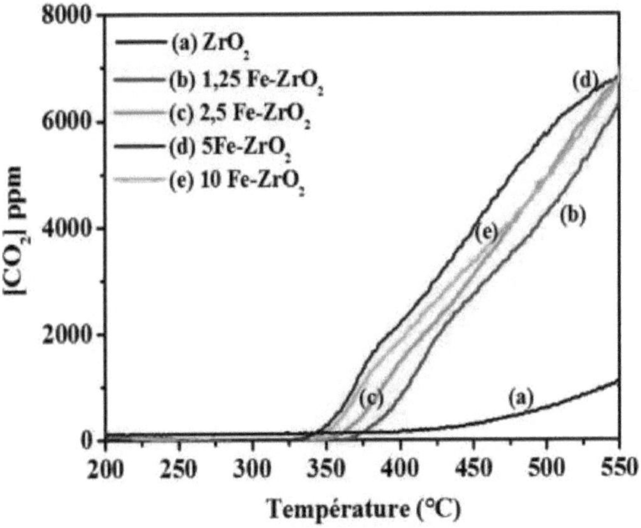

Figura 57. Concentração de CO_2 formado nos suportes do catalisador yFe-ZrO2.

A análise desta figura mostra que os aerogéis yFe-ZrO2 são mais activos na oxidação do tolueno do que a zircónia pura. Esta melhoria da atividade catalítica é atribuída à criação de novos sítios ácidos e redox pela adição de espécies de ferro à superfície da zircónia. É também provavelmente devido a um aumento da mobilidade do oxigénio superficial, que favorece a reação de oxidação do tolueno [13,14,18].

É de notar que a atividade dos aerogéis yFe-ZrO2 é afetada pela quantidade de ferro adicionada. De facto, a melhor atividade catalítica (conversão de C6H5-CH3 e seletividade para CO_2) é observada no caso da amostra com 5% em peso de Fe, que permite uma conversão máxima de tolueno de cerca de 95% a 550°C. Para um teor de Fe mais elevado (10% em peso), nota-se uma ligeira diminuição da atividade catalítica. O efeito da quantidade de ferro na atividade catalítica de vários sólidos foi estudado na literatura. P. Djinovic et al [12] mostraram que a quantidade de Fe influencia a mobilidade e a reatividade das espécies de oxigénio e, por conseguinte, modifica a atividade catalítica do sistema bimetálico CuFe na oxidação do tolueno. Por outro lado, X. Liang et al [14] verificaram que a atividade dos catalisadores Fe-Ti-PILCs na mesma reação aumentava com o aumento do teor de ferro até 3,75%.

IV. 3.2 Atividade catalítica dos sólidos Ag/yFe-ZrO2

As alterações na conversão de C6H5-CH3 e na concentração de CO_2 em função da temperatura nos catalisadores Ag/yFe-ZrO2 são apresentadas nas Figuras 58 e 59.

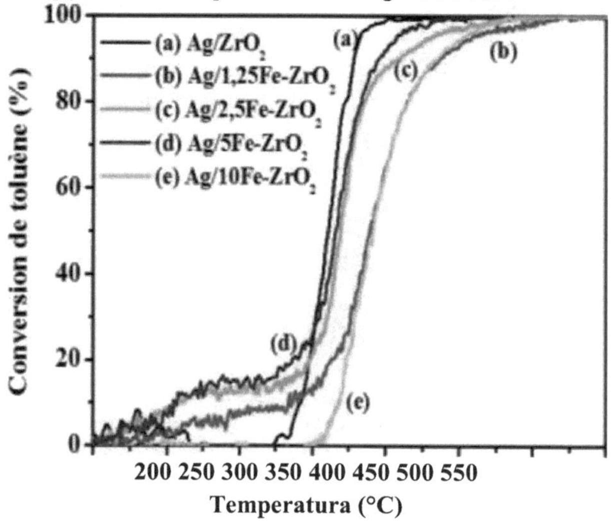

Figura 58. Conversão de tolueno sobre catalisadores Ag/yFe-ZrO2.

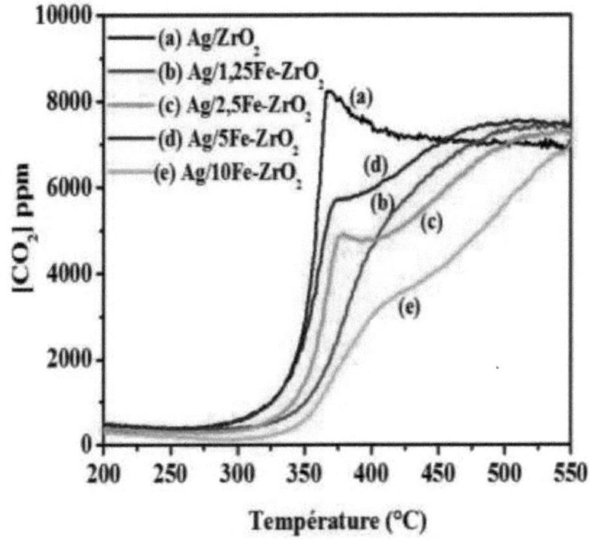

Figura 59. Concentração de CO_2 formado nos catalisadores Ag/yFe-ZrO_2.

A comparação dos resultados obtidos nas Figuras 58 e 59 mostra um aumento significativo na conversão do tolueno após a adição de prata aos suportes yFe-ZrO_2. Este resultado revela que as espécies de prata são mais activas na oxidação do tolueno do que as espécies de ferro. Além disso, a atividade catalítica aumenta pela seguinte ordem: < < ~ Ag/1,25Fe-ZrO2 ~ Ag/10 Fe-ZrO2 Ag/2,5Fe-ZrO2 Ag/5Fe-ZrO2 Ag/ZrO2. As amostras Ag/5Fe-ZrO2 e Ag/ZrO2 são, portanto, os sólidos mais activos nesta reação; mostram poderes catalíticos quase semelhantes a alta temperatura com quase 100% de conversão de tolueno em CO_2 para T > 400°C (Figuras 58 e 59). Em contraste, o sólido Ag/5Fe-ZrO2 é o mais ativo a baixas temperaturas (T < 225°C). Este facto pode estar relacionado com o seu maior poder redox e provavelmente também com um aumento da mobilidade do oxigénio superficial devido à existência de interações entre as espécies de ferro e prata, que melhoram as caraterísticas redox dos catalisadores e aumentam a atividade de oxidação do tolueno [34-36].

IV.2.3 Influência do teor de Ag na atividade catalítica dos sólidos xAg/Fe-ZrO2

O efeito do teor de Ag (de 0,5 a 3%) na atividade catalítica dos sólidos xAg/Fe- ZrO2 é estudado e os resultados obtidos são ilustrados nas Figuras 60 e 61.

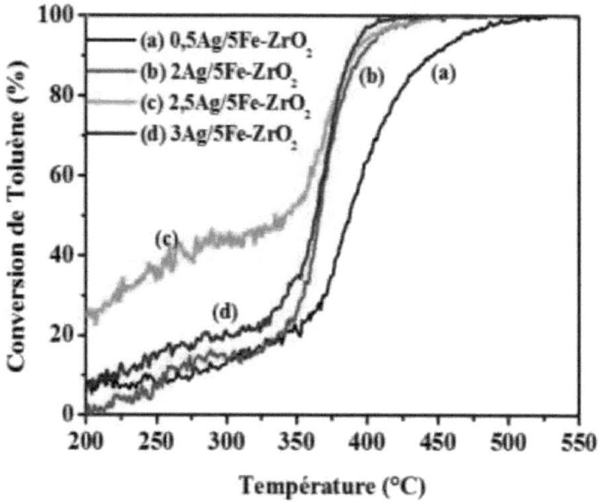

Figura 60: Conversão de tolueno sobre catalisadores xAg/5Fe-ZrO2.

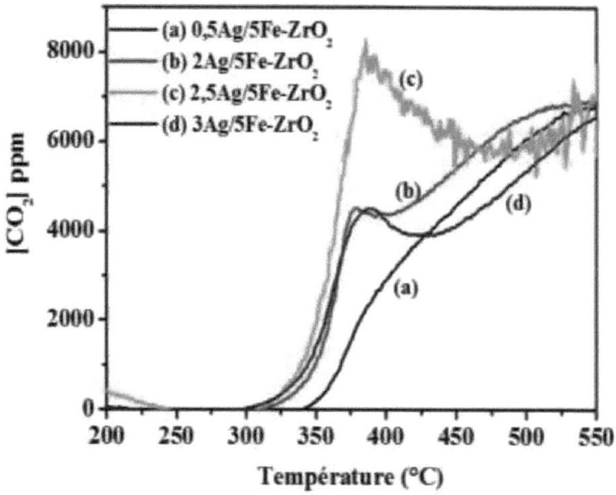

Figura 61. Concentração de CO_2 formado em função da temperatura nos catalisadores xAg/5Fe-ZrO2.

A análise dos resultados ilustrados nas Figuras 60 e 61 mostra uma melhoria na conversão do tolueno à medida que o teor de Ag aumenta até uma quantidade de 2,5% em peso. Para uma maior quantidade de Ag, a atividade catalítica diminui, particularmente a baixas temperaturas ($T < 350°C$). Assim, podemos deduzir que 2,5% wt Ag é a quantidade óptima de prata para a síntese do catalisador 2,5Ag/5Fe-ZrO2, o mais ativo na oxidação do tolueno a CO_2 nesta série. A partir dos dados da Tabela 24 (Capítulo III), podemos sugerir que a boa área superficial específica deste catalisador permite uma boa dispersão das espécies activas, o que conduz a uma excelente atividade na oxidação do tolueno. A diminuição da atividade catalítica para um teor de 3% em peso de Ag pode ser explicada pela formação de prata metálica na superfície do sólido 3 Ag/5Fe-ZrO2, o que provavelmente reduz o número de sítios activos e a atividade catalítica.

Podemos concluir que as quantidades de ferro e prata influenciam as propriedades físico-químicas dos catalisadores Ag/Fe-ZrO2 e afectam as suas actividades catalíticas na oxidação do tolueno. O catalisador contendo 5% em peso de Fe e 2,5% em peso de Ag é o mais ativo, obtendo-se 100% de conversão do tolueno essencialmente em CO_2 com este catalisador entre 400 e 550°C.

IV 3 Estudo comparativo do poder catalítico dos nossos catalisadores na oxidação do tolueno com os testados na literatura

Até à data, não existem trabalhos na literatura sobre a reação de oxidação do tolueno sobre catalisadores à base de prata suportados em suportes de aerogel (ZrO_2, Ce-ZrO2 e Fe-ZrO_2). Neste trabalho focámos a síntese e caraterização de novos catalisadores (Ag/ZrO_2, Ag/Ce-ZrO2 e Ag/Fe-ZrO_2) para a reação de oxidação do tolueno. Os resultados obtidos com alguns dos nossos catalisadores (os mais activos) e os reportados na literatura para outros catalisadores são apresentados nas Tabelas 26 e 27. Este estudo mostra que os nossos resultados são interessantes devido ao facto de a reação ser realizada no nosso estudo em condições mais severas do que as relatadas na literatura, que são as seguintes: a presença de H_2O (3,4%), uma alta velocidade do espaço gasoso (60.000 h^{-1}) e uma baixa massa de catalisador (m = 20 mg).

Tabela 26. Comparação da atividade catalítica na oxidação do tolueno dos nossos catalisadores e dos reportados na bibliografia.

Catalisador	T10 (°C)	T50 (°C)	T90 (°C)	Seletividade	Condições de ensaio catalítico	Método de preparação	Ref
10Ce-ZrO2	327	436	511	CO_2	GHSV = 60.000 h^{-1}, m = 20 mg com 3,4 Vol % H2O	Sol gel	O nosso estudo
CeO2	~160	~230	-	Álcool benzílico Ácido benzoico CO_2	GHSV = 22500 h^{-1}, m = 200 mg Sem H2O	Precipitação	[37]
CeO2/SBA-15	~277	~352	-	CO_2	GHSV = - m= 30 mg sem H_2O	-	[38]
2Ag/10Ce-ZrO2	312	320	330	CO_2	GHSV = 60.000 h^{-1}, m = 20 mg com 3,4 Vol % H2O	substrato: Sol gel catalisador: impregnação	O nosso estudo
Ag/YAl2O3	~330	~360	~380	CO_2	GHSV = 15.000 h^{-1} m = 200 mg sem H_2O	Suporte : comercial Catalisador : Impregnação	[39]
1Ag/Y-Al20$_3$	~400	-	-	CO_2	GHSV = 15.000 h^{-1}, m = 200 mg sem H_2O	Suporte : comercial Catalisador : Impregnação	[40]
11Ag/1Cu- Y-Al203	~230	~250	~260	CO_2	GHSV = 15.000 h^{-1} m = 200 mg sem H_2O	Suporte : comercial Catalisador : Impregnação	[39]
0,81Ag/3DOM 26.9CeO2-Al2O$_3$	263	308	338	---	GHSV = 20.000 ml/g h, m = 50 mg sem H_2O		[41]

Tabela 27. Comparação da atividade catalítica na oxidação do tolueno dos nossos catalisadores e dos reportados na bibliografia.

Catalisador	T10	T50	T90	Seletividade	Condições de ensaio	Método de	Ref

	(°C)	(°C)	(°C)		catalítico	preparação	
5Fe-ZrO2	349	414	506	CO_2 C3-C6 parafinas	GHSV = 60.000 h^{-1}, m = 20 mg com 3,4 Vol % H2O	Sol gel	O nosso estudo [42]
Fe-TiO2	~450	-	-	CO_2	GHSV = 60 000 h^{-1}, m = 100 mg Sem H_2O	Impregnação	[13]
Fe2O3	~325	~450	-	CO_2	m = 30 e 50 mg Sem H_2O	comercial	[42][4 3]
Fe-imp	~325	~350	~380	CO_2	m = 30 e 50 mg Sem H_2O	Impregnação	[41]
CuFe-SBA-15	~252	~327	-	CO_2	GHSV = 1,2 h^{-1}, m = 30 mg Sem H_2O		[43][4 4]
2,5Ag/5Fe-ZrO2	200	~350	~394	CO_2 C3-C6 parafinas	GHSV = 60.000 h^{-1}, m = 20 mg com 3,4 Vol % H2O	Substrato: gel sol de catalisador de impregnação	O nosso estudo
Ag-V/Ti	~342	~386	-	Álcool benzílico Ácido benzoico CO_2 CO	GHSV = 31.000 h^{-1}, m = 100 mg Sem H_2O	----	[44] [45]
10Ag-U	~265	~280	~295	CO_2	GHSV =30.000 ml/g/h, m = 100 mg sem H_2O	Método de redução da fase líquida	[45] [46]
10Ag-U	267	286	300	CO_2	GHSV = 30.000 ml/g/h m = 100 mg 10% H2O	Método de redução da fase líquida	[44] [45]
Ag/SBA-15	~255	~270	~280	CO_2	GHSV = 15.000 h^{-1}, m = 200 mg sem H_2O	Impregnação	[46] [47]

IV. 4 Conclusões

Os resultados obtidos neste capítulo mostram que :

- O zircónio puro caracteriza-se por uma atividade catalítica muito baixa na reação de oxidação do tolueno (C_6H_5-CH_3). A adição de Ag, Fe ou Ce melhora a atividade catalítica, melhorando as propriedades ácidas e redox dos sólidos e aumentando a mobilidade do oxigénio superficial.
- As espécies de prata são mais activas na reação de oxidação do tolueno do que as espécies de cério ou de ferro.
- A atividade dos suportes catalíticos de aerogel Ce/ZrO2 ou Fe/ZrO2 é afetada pelas quantidades de Fe (1,25; 2,5; 5 e 10%) e Ce (1,25; 2,5; 5; 10; 15; 20 e 30%). As quantidades 10% wt. Ce e 5% wt. Fe conduzem aos suportes catalíticos mais activos para a oxidação do tolueno.

• O Ce/ZrO2 permite a conversão de 100% do tolueno quase completamente em CO_2 a 550°C.

• FE/ZRO2 converte quase completamente 95% do tolueno em CO_2 a 550°C.

• 2AG/ZRO2 permite 100% de conversão de tolueno em CO_2 na gama de temperaturas de 350-550°C.

- A variação das quantidades de Ce (1,25; 2,5; 5; 10; 15; 20 e 30%) e Fe (1,25; 2,5; 5 e 10%) influencia a atividade catalítica dos catalisadores 2Ag/yCe- ZrO2 e 2Ag/yFe-ZrO2.
- Ag/10 Ce-ZrO2 e Ag/5Fe-ZrO2 são os mais activos:

• Ag/10 CE-ZRO2 permite a conversão de 100% de C6H5-CH3 em CO2 entre 350 e 550°C.

- AG/5FE-ZRO2 permite uma conversão de 100% de C6H5-CH3 a T > 400°C.

- A variação da quantidade de prata (0,5, 1, 2, 2,5 e 3%) modifica o poder catalítico dos catalisadores Ag/10Ce-ZrO2 e Ag/5Fe-ZrO2 na oxidação do tolueno. A utilização dos teores de 2 e 2,5% de Ag permite a preparação dos catalisadores 2Ag/10 Ce-ZrO2 e 2,5Ag/5Fe-ZrO2, que são os mais activos nesta reação.

- 2.5AG/5FE-ZRO2 permite a conversão de 100% do tolueno essencialmente em CO2 entre 350 e 550°C.

IV.5 Referências bibliográficas

1. S. Todorova, A. Naydenov, H. Kolev, J. P. Holgado, G. Ivanov, G. Kadinov, A. Caballero, *Mecanismo de oxidação completa de n-hexano em catalisadores de cobalto e manganês suportados por sílica.* Appi Catal A Gen 413-414 **(2012)** 43-51.

2. A. k. Neyestanaki, N. Kumar, L. E. Linfors, *Catalytic combustion of propane and natural gas over Cu and Pd modified ZSM zeolite catalysts*. Appl Catal B 7 **(1995)** 95111.

3. H. Huang, Y. Xu, Q. Feng, D.Y.C. Leung, *Oxidação catalítica a baixa temperatura de compostos orgânicos voláteis: uma revisão*. Catal Sci Technol 5 **(2015)** 2649-2669.

4. J.C. Menezo, J. Riviere, J. Barbier, *Efeito da dopagem de um metal-óxido por platina nas suas propriedades oxidantes*. React Kinet Catal Lett 49 **(1993)** 293-298.

5. Y. Qin, Z. Qu, C. Dong, N. Huang, *Efeito das condições de pré-tratamento na atividade catalítica do catalisador Ag/SBA-15 para a oxidação do tolueno*. Chinese J Catal. 38 **(2017)** 16031612.

6. J. Li, Z. Qu, Y. Qin, H. Wang, *Efeito da morfologia de MnO2 na oxidação catalítica de tolueno sobre catalisadores rAg/MnO2*. Appl Surf Sci 385 **(2016)** 234-240.

7. P. Mars, D.W. Van Krevelen, *Oxidações efectuadas por meio de catalisadores de óxido de vanádio*, Chem. Eng. Sci3 **(1954)** 41-59.

8. M. Popova, A. Szegedi, Z. Cherkezova-Zheleva, A. Dimitrova, I. Mitov, *Oxidação de tolueno em SiO2 e SBA-15 modificados com crómio e cobre*, Appl. Catal. A: Gen. 381 **(2010)** 26-35.

9. P. Papaefthimiou, T. Ioannides, X.E. Verykios, *Remoção de COV: investigação da oxidação de acetato de etilo sobre catalisadores de Pt suportados*, Catal. Today, 54 **(1999)** 81-92.

10. C. Lamonier, J. F Lamonier, B. Aellach, A. Ezzamarty, J. Leglise, *Sintonização específica de sítios ácido/base em materiais de apatite para melhorar os seus desempenhos catalíticos de tiolação de metanol,* Catal. Today 164 **(2011)** 124-30.

11. M. F. Finol. J. Q. Torres, J. M. Giraudon, A. Gervasini, J. F Lamonier, *Formaldehyde oxidation over hydroxyapatites: influence of the acid base properties,* Europa Cat X, Glas gow (Scotland) **(2011)**.

12. P. Djinovic, A. Ristic , T. Zumbar, V. D. B. C. Dasireddy, M. Rangus, G. Drazic, M. Popova, B. Likozar, N. Z. Logar e N. N. Tusar. *Synergistic Effect of CuO Nanocristais e Aglomerados Cu-oxo-Fe em Suporte de Sílica na Promoção da Oxidação Catalítica Total do Tolueno como Modelo de Poluente Orgânico Volátil do Ar.* Appl. Catal. B. Environ. **(2020)** https://doi.org/10.1016/j.apcatb.2020.118749

13. X. Liang , F. Qi , P. Liu, G. Wei , X. Su, L. Ma, H. He, X. Lin, Y. Xi, J. Zhu, R. Zhu, Appl .Clay. Sci. *Desempenho de catalisadores de Fe suportados por montmorilonita com pilares de Ti para oxidação de tolueno: O efeito do Fe na atividade catalítica.* **(2016)** http://dx.doi.org/10.1016/j.clay.2016.05.022

14. H. Windawi, M. Wyat , *Catalytic destruction of halogenated VOC over platinum group*

metal catalysts, Platinum Metals Rev 37 **(1993)** 186-248.
15. E. Aneggi, J. Lorca, Carla de Leitenburg , G. Dolcetti, A. Trovarelli, *Combustão de fuligem sobre catalisadores suportados em prata.* Appi. Catal. B. Environ. 91 **(2009)** 489-498.
16. Z. Guerra-Que, G. Torres-Torres, H. Pérez-Vidal, I. Cuauhtémoc-Lopez, A. Espinosa de los Monteros, J.N. Beltramini, D.M. Frias-M'arquez, *Nanopartículas de prata suportadas em zircónia-ceria para a oxidação catalítica do ar húmido do éter metil-terc-butílico.* RSC Adv 7 **(2017)** 3599-3610.
17. K. Yamazaki, Y. Sakakibara, F. Dong, H. Shinjoh, *A oxidação remota de fuligem separada por depósitos de cinzas através de catalisadores compostos de prata-céria.* Appl Catal A Gen 476 **(2014)** 113-120.
18. K. Yamazaki, T. Kayama, F. Dong, H. A. Shinjoh, *estudo mecanístico sobre a oxidação de fuligem sobre o catalisador CeO2-Ag com morfologia de "bola de arroz",* J Catal 282 **(2011)** 289298.
19. Z. Qu, F. Yu, X. Zhang, Y. Wang, J. Gao, *Efeitos de suporte na estrutura e atividade catalítica de catalisadores mesoporosos Ag / CeO2 para oxidação de CO.* Chem Eng J 229 **(2013)** 522-532.
20. D. Valechha, S. Lokhande, M. Klementova, J. Subrt, S. Rayalu, N. Labhsetwar, *Study of nano-structured ceria for catalytic CO oxidation*, J Mater Chem 21 **(2011)** 37183725.
21. J. Brunet, E. Genty, Y. Landkocz, M. Al Zallouha, S. Billet, D. Courcot, S. Siffert , D. Thomas, G. D. Weireld, R. Cousin, *Identification of by-products issued from the catalytic oxidation of toluene by chemical and biological methods.* C. R. Chimie **(2015).** https://doi.org/10.1016/j.crci.2015.09.001
22. S. Imamura, H. I. Yamada, K. Utani, *Atividade de combustão do catalisador composto Ag/CeO2*, Appl. Catal. A 192 **(2000)** 221-226.
23. S. Scirè, P. M. Riccobene, C. Crisafulli, *Ceria supported group IB metal catalysts for the combustion of volatile organic compounds and the preferential oxidation of CO,* Appl. Catal. B 101 **(2010)** 109-117.
24. A. Jodaei, A. Niaei, e D. Salari, *Performance of nanostructure Fe-Ag- ZSM-5 catalysts for the catalytic oxidation of volatile organic compounds: Process optimization using response surface methodology*, Korean J. Chem. Eng, 28(8) **(2011)** 1665- 1671.
25. Q. Ye, J. Zhao, F. I. Huo, J. Wang, S. Cheng, T. Kang, H. Dai, *NanosizedAg/a-MnO2 catalysts highly active for the low-temperature oxidation of carbon monoxide and benzene.* Catal. Today, 175 **(2011)** 603-609.
26. Z. Qu, Y. Bu, Y. Qin, Y. Wang, Q. Fu, *A reatividade melhorada de catalisadores de manganês por Ag na oxidação catalítica de tolueno*, Appl Catal B: Environ132-133 **(2013)**353-362
27. T. Tabakova, F. Boccuzzi, M. Manzoli, J. W. Sobczak, V. Idakiev, D. Andreeva, *A comparative study of nanosized IB/ceria catalysts for low-temperature water-gas shift Reaction*, Appl. Catal. A: General, , Applied Catalysis A, 298 **(2006)** 127-143.
28. D. Chen, Z. Qu, S. Shen, X. Li, Y. Shi, Y. Wang, Q. Fu, J, Wu, *Estudo comparativo da catálise à base de prata suportada em diferentes suportes para a oxidação do formaldeído.* Catal. Today, 175 **(2011)** 338-345.
29. F. Boccuzzi, A. Chiorino, M. Manzoli, D. Andreeva, T. Tabakova, T. L Ilieva, V. Iadakiev. *Catalisadores de ouro, prata e cobre suportados em TiO2 para a produção de hidrogénio puro.* Catal. Today 75 **(2002)** 169-175.

30. Q. Ye. J. Zhao, F.i Huo, J. Wang, S. Cheng, T. Kang, H. Dai. *Catalisadores nanométricosAg/a-MnO2 altamente activos para a oxidação a baixa temperatura de monóxido de carbono e benzeno.* Catal. Today 175 **(2011)** 603-609.

31. E. M. Cordi, J. L. Falconer, *Oxidação de compostos orgânicos voláteis num catalisador Ag/A1203.* Appl. Catal **(1997)** 179-191.

32. N. Guilhaume, B. Bassou, G. Bergeret, D. Bianchi, F. Bosselet, A . Desmartin-Chomel, B ouguet, C. Mirodatos, *investigação in situ da combustão de fuligem de Diesel sobre um catalisador AgMnOx*, Appl. Catal. B 119-120 **(2012)** 287-296.

33. M. SKAF, Comparaison physico-chimique et des activités catalytiques dans les réactions d'oxydation, entre deux séries de catalyseurs Ag/CeO2 préparés par impégnation et dépôt précipitation, PhD thesis, **(2013)**, Université du Littoral côte d'opale and University of Balamand, France, Dubai.

34. L.J., Kundakovic, M. Flytzani-Stephanopoulos, *Deep oxidation of methane over zirconia supported Ag catalysts*, Appl. Catal. A 183 **(1999)** 35-51.

35. A. Chongterdtoonskul, J. W. Schwank, S. Chavadej, *Effects of oxide supports on ethylene epoxidation activity over Ag-based catalysts.* J. Mol. Catal. A, 358 **(2012)** 5866.

36. R. B Grant, R. M Lambert, *A single crystal study of the silver-catalysed selective oxidation and total oxidation of ethylene,* J. Catal. 92 **(1985)** 364-375.

37. J. Du, Z. Qu, C. Dong, L. Song, Y. Qin, N. Huang, *redução a baixa temperatura de tolueno sobre catalisadores de óxidos de Mn-Ce sintetizados por uma abordagem hidrotérmica modificada*, Appl. Surf. Sci **(2017).** https://doi.org/10.1016/j.apsusc.2017.10.116

38. T. Tsoncheva, G. Issa, T. Blasco, M. Dimitrov, M. Popova, S. Hernandez, D. Kovacheva, G. Atanasova, M. Jose. L. Nieto, *Eliminação catalítica de COVs sobre sílica mesoporosa SBA-15 modificada com cobre e óxido de cério*. Appl. Catal. A: Gen 453 **(2013)** 1-12S.

39. C Kim, J. H Moon, *Efeito do controlo do cobre nanométrico pela prata no catalisador à base de cobre na oxidação catalítica do tolueno*, Nanosci J Nanotechnol 1 **(2011)** 1660-1663

40. S.C. Kim, e J.Y Ryu, *Propriedades e desempenho de catalisadores à base de prata na oxidação catalítica do tolueno*, Environ. Technol. 32 **(2011)** 561-568

41. H. Yang, J. Deng, Y. Liu, S. Xie, Z. Wu, H. Dai, *Preparação e desempenho catalítico de nanopartículas de Ag, Au, Pd ou Pt suportadas em 3DOM CeO2-Al_2O_3 para oxidação de tolueno*, J. Mol. Catal. A: Chem. 414 **(2016)** 9-18

42. F. G.E. Nogueira, J. H. Lopes, A.C. Silva, R. M. Lago, J. D. Fabris, L. C.A. Oliveira, *Catalisadores à base de argila e óxido de ferro para oxidação de tolueno*, Appl. Clay Sci. 51 **(2011)** 385-389

43. A. Szegedi, M. Popova, M. Lázár, S. Klébert, E. Drotár, *Impacto da estrutura de sílica dos materiais SBA-15 e SBA-16 contendo cobre e ferro na oxidação do tolueno*, Microporous and Mesoporous Materials 177 **(2013)** 97-104.

44. H. Ge, G. Chen, Q. Yuan, H. Li, *oxidação parcial em fase gasosa de tolueno sobre catalisadores V2O5/TiO2 modificados num microrreator*, Chem. Eng. J. 127 **(2007)** 39-46.

45. X.D Zhang, L. Song, F. Bi, D.F Zhang, Y.X Wang, L.F Cui, *Oxidação catalítica de tolueno utilizando uma nanopartícula de Ag sintetizada facilmente suportada no derivado UiO-66*, J Colloid Interface Sci, 571 **(2020)** 38-47

46. Z. Qu, Y. Bu, Y. Qin, Y. Wang, Q. Fu, *A reatividade melhorada dos catalisadores de manganês por Ag na oxidação catalítica do tolueno*, Appl. Catal. B: Environ. 132-133 **(2013)** 353-362.

Conclusão geral

Neste trabalho, foram preparados catalisadores à base de prata suportados em suportes de ZrO_2 e M-ZrO_2, com M = Ce e Fe, para a reação de oxidação do tolueno. São estudados os efeitos do teor de M e da quantidade de prata nas propriedades físico-químicas e catalíticas dos materiais obtidos.

Os resultados das análises físico-químicas revelaram que:

> A zircónia, sintetizada pelo método Sol-Gel, caracteriza-se por uma boa textura (S_{BET} = 107 $m^2.g^{-1}$ e Vp = 0,33 $cm^3.g^{-1}$) e uma estrutura que contém a fase monoclínica estável e a fase tetragonal metaestável do ZrO_2.

> A natureza do M e o seu teor (Ce (1,25; 2,5; 5; 10; 15; 20 e 30%) e Fe (1,25; 2,5; 5 e 10%)) influenciam as propriedades físico-químicas dos sólidos Ce-ZrO_2 ou Fe-ZrO_2 e a dispersão das espécies Ce ou Fe. A adição de Ce ou Fe estabiliza a fase tetragonal do ZrO_2 (metaestável a baixas temperaturas), melhorando as suas propriedades ácidas e redox. Além disso, os sólidos Ce-ZrO_2 ou Fe-ZrO_2 mantêm uma elevada área de superfície específica e porosidade após a adição de uma quantidade crescente de M, reflectindo a boa estabilidade térmica destes sólidos.

> A adição de quantidades crescentes de prata (x= 0,5; 1, 2; 2,5 e 3 %) conduz, por um lado, a uma redução da área superficial específica e do volume de poros dos suportes Ce-ZrO_2 ou Fe-ZrO_2 e, por outro lado, à criação de novos sítios ácidos e redox na superfície dos catalisadores Ag/Ce-ZrO_2 e Ag/Fe-ZrO_2. A variação da quantidade de prata também influencia a natureza das espécies de prata e a sua dispersão na superfície dos aerogéis yCe-ZrO_2 ou yFe-ZrO_2.

Os resultados da reação de combustão total do tolueno revelaram que:

> A zircónia não é muito ativa na oxidação do tolueno (50% de conversão de C_6H_5-CH_3 em CO_2 a 550°C). Por outro lado, a adição de Ce ou Fe conduz a suportes de aerogel Ce-ZrO_2 ou Fe-ZrO_2 que são muito mais activos do que o ZrO_2. A atividade destes suportes é influenciada pela natureza de M (M= Ce ou Fe) e pelo seu conteúdo; Ce (1,25; 2,5; 5; 10; 15; 20 e 30%) e Fe (1,25; 2,5; 5 e 10%):

- O Ce-ZrO_2 consegue uma conversão quase total de 100% de tolueno em CO_2 a 550°C.
- O Fe-ZrO_2 atinge 95% de conversão de tolueno quase inteiramente em CO_2 a 550°C.
- As quantidades 10% wt. Ce e 5% wt. Fe conduzem aos suportes catalíticos mais activos e selectivos para a oxidação do tolueno.

> A adição de prata melhora atividade catalítica dos suportes do catalisador na oxidação de C_6H_5-CH_3 e conduz a catalisadores Ag/ZrO_2 ou Ag/M-ZrO_2 que são muito activos nesta reação. Os resultados também mostraram que as espécies Ag são mais activas do que as espécies Ce e Fe na oxidação do tolueno.

> A taxa de conversão do tolueno e a natureza dos produtos formados dependem da natureza do metal M, do seu teor e da quantidade de prata:

- Ag/ZrO_2 permite a conversão de 100% do tolueno em CO_2 na gama de temperaturas de 350-550°C.
- Os catalisadores Ag/10Ce-ZrO_2 e Ag/5Fe-ZrO_2 são os mais activos e selectivos na reação de oxidação do tolueno. Ag/10 Ce- ZrO_2 permite 100% de conversão de C_6H_5-CH_3 em CO_2 entre 350 e 550°C e Ag/5Fe-ZrO_2 permite 100% de conversão de C_6H_5-CH_3 a T > 400°C.
- 2 e 2,5% Ag são os teores óptimos para preparar os catalisadores 2Ag/10 Ce-ZrO_2 e 2,5Ag/5Fe-ZrO_2 que são mais activos na reação de oxidação do tolueno.

MIX
Papier aus verantwortungsvollen Quellen
Paper from responsible sources
FSC® C105338

Printed by Books on Demand GmbH, Norderstedt / Germany